ulmer

Martina Kolarek

KOMPOSTIEREN!

Biologisch, einfach, schnell

„Erde! unsichtbar!
Was, wenn Verwandlung nicht, ist
dein drängender Auftrag?"

Rainer Maria Rilke

Über die Autorin

Dipl.-Ing. Martina Kolarek ist Sachverständige für Landwirtschaftliche Bodenkunde und Nachhaltige Ernährung und hat Biochemie und biochemische Technologie an der Höheren Technischen Lehr- und Versuchsanstalt für die chemische Industrie und Angewandte Ökologie an der Universität für Bodenkultur in Wien studiert.

In Berlin arbeitete sie zur stofflichen Nutzung nachwachsender Rohstoffe für gemeinnützige Organisationen, Bundesbehörden, wissenschaftliche und wirtschaftliche Einrichtungen – sowohl angestellt als auch freiberuflich.

2010 entwickelte sie ein Heißverfahren zur Gemeinschaftskompostierung, das sie als DIE BODEN SCHAFFT seit 2011 in Klein-, Haus- und Gemeinschaftsgärten erfolgreich anwendet. Gemeinsam mit anderen setzt sie sich wissenschaftlich, politisch und künstlerisch dafür ein, dass wir den Boden unter den Füßen nicht verlieren.

Seit 2016 ist sie beim Naturschutzbund Deutschland (NABU) zuständig für den Bereich Bioökonomie.

Guter Kompost ist mehr als Dünger

Schöne Gärten und gesunde Lebensmittel brauchen mehr als Dünger. Sie brauchen fruchtbare und schadstoffarme Böden. Viele Gärtner wissen das und stellen selbst ihren Kompost her, um die Humusqualität in ihren Böden zu erhalten. Doch die biologische Kompostierung führt ein Schattendasein und die industrielle Kompostierung ist nicht konkurrenzfähig.

Ein Heißkompost spart Arbeit, Zeit und Platz

In diesem Buch stelle ich ein neues Verfahren zur biologischen Schnellkompostierung vor und zeige Ihnen, wie Sie nach drei bis sechs Monaten an jedem Standort Kompost in höchster Qualität gewinnen können.

Es handelt sich um eine Heißkompostierung, die in Haus-, Klein-, Schul- und Gemeinschaftsgärten genauso erfolgreich angewandt wreden kann wie in der Land- und Forstwirtschaft. Im Vergleich zum traditionellen Gartenkompost lässt sich damit viel Arbeit, Zeit und Platz sparen.

Der Heißkompost im Kleingarten.

Komposttag im Allmende Kontor Gemeinschaftsgarten auf dem Tempelhofer Feld – einem ehemaligen Flugfeld mitten in Berlin.

Weitere Vorteile sind:

- Der Kompost ist bereits nach drei – über den Winter nach sechs – Monaten fertig.
- Unkrautsamen und Krankheitserreger werden vernichtet.
- Es kommt zu keiner Geruchsbelästigung.
- Ungeziefer wird nicht angezogen.
- Der Kompost muss kaum gepflegt und nicht umgesetzt werden.
- Auch an schwierigen Standorten kann erfolgreich kompostiert werden.

Es handelt sich um ein biologisches Verfahren, bei dem die Verbindung zwischen dem natürlich gewachsenen Boden und dem Kompost nicht unterbrochen werden darf. Dann können alle für die Humusbildung notwendigen Bodentiere in den Kompost ein-

und nach getaner Arbeit wieder ausziehen. Nur eine große Artenvielfalt im Kompost gewährleistet, dass aus unseren Bioresten nährstoffreiche und stabile Humusverbindungen entstehen.

Guter Kompost ist mehr als Dünger. Er ist vor allem Struktur, ohne die Wasser, Nähr- und Spurenstoffe nicht im Boden gespeichert und den Pflanzen bei Bedarf zur Verfügung gestellt werden können. Dafür sorgen viele verschiedene Lebewesen im Boden, die genau aufeinander abgestimmt sind und die biologischen Stoffkreisläufe schließen. Kompostieren ist also nicht nur gut für den Garten, sondern auch für die Gewässer und das Klima.

Die Heißkompostierung hat gegenüber der traditionellen Gartenkompostierung viele Vorteile.

Wer selbst kompostiert, muss weniger gießen, düngen und Schädlinge bekämpfen – und spart noch Geld dabei.

Mit dieser Anleitung können Sie einen Heißkompost einfach und schnell ohne jegliches Vorwissen an einem Tag aufbauen. Aber auch – oder gerade – für Experten hält dieses Verfahren einige Überraschungen bereit.

Sie brauchen keine Materialien oder Geräte kaufen, die Sie für einen herkömmlichen Gartenkompost nicht auch benötigen. Alles andere können Sie selbst herstellen oder günstig in jedem Gartencenter – oder besser im Fachhandel – besorgen.

Allein aus den Küchenresten können Sie an einem Tag Kompost für ca. 100 bis 200 Quadratmeter im Jahr herstellen. Kommen noch Reste vom Garten oder Markt hinzu, können Sie eine Fläche von bis zu 1 000 Quadratmetern mit bestem Kompost versorgen. Dafür benötigen Sie höchstens vier Tage im Jahr und das Ergebnis ist unbezahlbar: Selbstgemachter Kompost ist das Wertvollste, was wir haben. Und einen Kompost in dieser Qualität gibt es nicht zu kaufen.

Richtiges Kompostieren ist kein Geheimnis. Richtiges Kompostieren ist eine Kunst, die Sie nur erlernen und verstehen werden, wenn Sie es selbst probieren. Damit die Kompostierung auch Teil einer gesellschaftlichen und wirtschaftlichen Entwicklung werden kann, die Wohlstand und Reichtum für alle verspricht, ist es wichtig, dass sich viele dafür einsetzen oder besser noch: es selbst tun. Nur wir können Konsum auf Kompost umstellen und biologischen Kompost herstellen. Es geht nicht darum, ein bisschen weniger oder anders zu konsumieren, sondern die Zukunft selbst in die Hand zu nehmen und etwas zu produzieren, was tatsächlich nachhaltig und nützlich ist. Das geht uns alle an. Also fangen wir an damit und machen uns die Hände schmutzig!

Ich wünsche viel Spaß dabei!

Kompostieren statt Konsumieren

Organische Reste wie Garten-, Obst-, Gemüse- oder Holzreste sind kein Müll, den es möglichst schnell zu beseitigen gilt, sondern die Grundlage für neues Leben in und auf unseren Böden.

Vom Konsumenten zum Produzenten

Unsere Garten- und Küchenreste sind Lebensraum und Nahrungsgrundlage für eine Vielzahl von Bodenorganismen, die daraus Humus bilden und dafür sorgen, dass unsere Pflanzen sich gut im Boden verankern und alles aufnehmen können, was sie für ein gesundes Wachstum benötigen. Nur indem Sie kompostieren, können Sie die biologische Vielfalt und die Humusqualität der Böden dauerhaft erhalten. Der Erhalt der Artenvielfalt in den Böden ist die Voraussetzung dafür, dass auch in Zukunft noch etwas auf ihnen wachsen kann.

Der Garten als Lebens- und Arbeitsraum.

Kompostieren Sie nicht, sondern verschenken die wertvollen Rohstoffe an die nächstgelegene Biogasanlage oder verbrennen diese, entziehen Sie Ihrem Garten laufend wichtige Nähr- und Strukturstoffe. Um sich ernähren zu können, müssen die Pflanzen und Tiere die Humusvorräte im Boden angreifen. Die Folge davon: Der Humus im Boden wird langsam abgebaut. Der Boden versandet, versauert oder verdichtet und wird mit der Zeit unfruchtbar.

Enthält ein Boden ausreichend Humus ist er dunkelbraun, saftig und riecht gut. Ein Boden, der zu wenig Humus enthält, ist fahl, trocken und riecht nach nichts. Ein Boden ohne Humus ist Wüste, denn ohne Humus kann nichts mehr wachsen.

» HUMUS
ist das Produkt von Bodenlebewesen, die abgestorbene Pflanzen, Tiere und Mikroorganismen zu nieder- bis hochmolekularen organischen Molekülen ab- und umbauen.

Richtiges Kompostieren erzeugt keinen Müll.

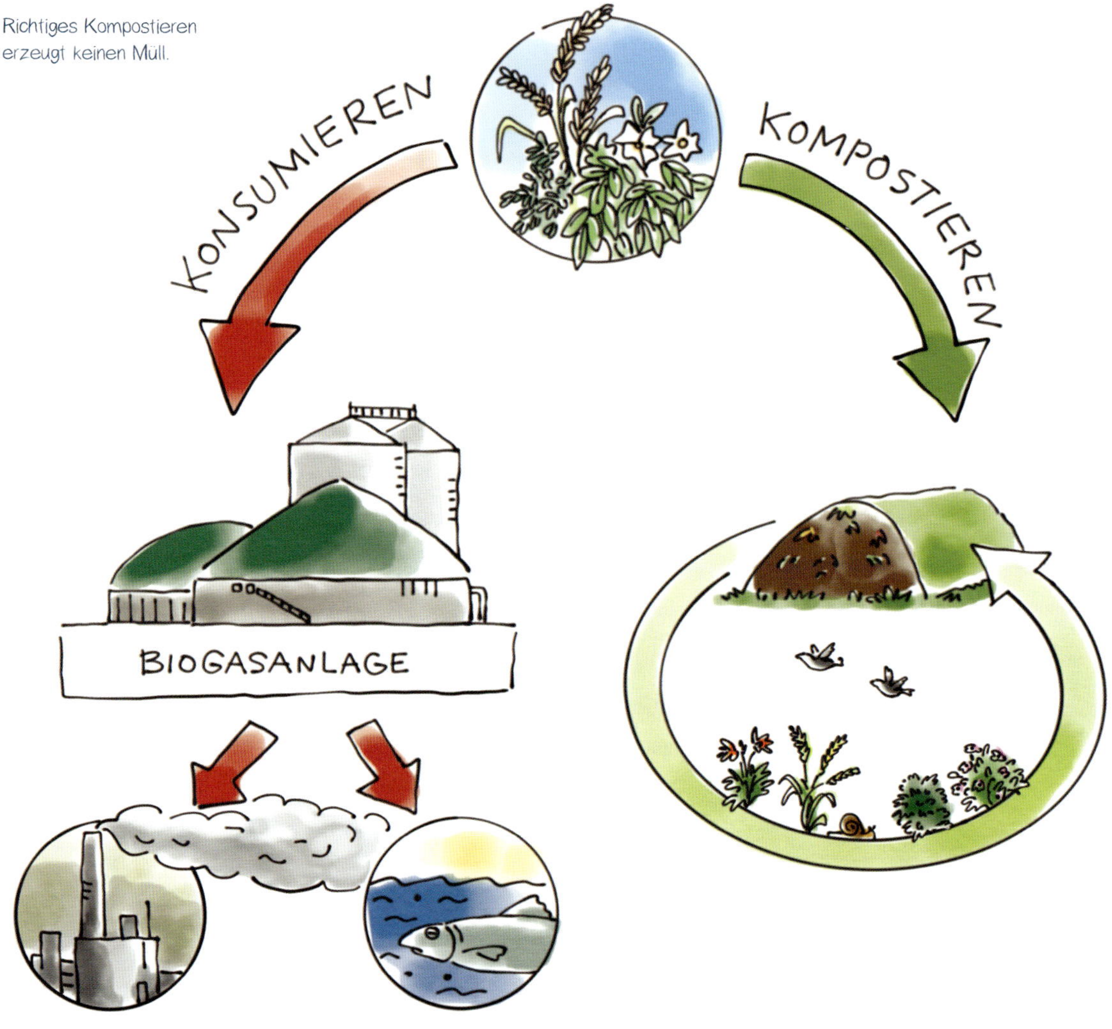

In der Natur laufen biologische Kreislaufprozesse seit Jahrmillionen ab. Die Natur enthält alle notwendigen Lebewesen, um die Stoffkreisläufe biologisch zu schließen. Wenn wir die Produkte der Natur nutzen wollen, müssen wir ihr unsere Abfälle nur in einer Form zurückgeben, die von den Bodenorganismen aufgenommen werden kann. Dann erzeugen diese wieder Humus daraus. Ein Boden mit über 4 Prozent Humusgehalt benötigt keine zusätzliche Düngung mehr und die Pflanzen bleiben gesund.

Wenn wir Naturprodukte so stark verändern, dass sie keine Nahrung mehr für Bodenorganismen darstellen, sie verflüssigen oder vergären und darüber an Orte verlagern, wo es nicht die Lebewesen gibt, die sie aufnehmen, ab- und zu Humus umbauen können – in die Luft oder in die Gewässer – öffnen wir die Stoffkreisläufe und erzeugen Müll.

Indem wir Naturprodukte wie Erdöl, Holz, Kohle, Mais oder Getreide verbrennen, erzeugen wir Müll wie Kohlendioxid, Schwefeldioxid oder Lachgas in der Luft. Diese Stoffe tragen zur Klimaerwärmung bei. Auch Nitrat, Phosphat und höhere Konzentrationen von Spurenstoffen im Grundwasser sind Müll, weil sie die Gewässer überdüngen und die Lebewesen in ihnen vergiften. Im Prinzip ist alles, was von den Lebewesen vor Ort nicht aufgenommen und im Boden gespeichert werden kann, Müll – nicht nur chemische Produkte, sondern auch Gülle oder die Gärreste aus der Biogasanlage. Aber auch Kohle im Boden ist Müll, denn sie reichert sich im Boden an.

» KÜCHENRESTE

Küchenreste sind jene Reste, die vor oder während des Kochens anfallen, also Schalen, Blätter oder ungenießbar gewordenes Obst und Gemüse. Sie können kompostiert werden. Speiseabfälle hingegen – also gekochtes, gesalzenes oder gezuckertes Obst, Gemüse oder Fleisch – sind Biomüll.

> alles, was Müll erzeugt, ist Konsum.
> alles, was keinen Müll erzeugt, ist Kompost.

Wir müssen uns langsam von der Vorstellung verabschieden, dass biologische Ressourcen überhaupt verbraucht werden dürfen. Ein Verbrauch ohne Regeneration ist immer mit einem Verlust der biologischen Vielfalt verbunden. Die Bodenorganismen sind das Bindeglied, nur sie können die biologischen Stoffkreisläufe schließen.

Unsere Garten- und Küchenreste sind wertvolle Ressourcen.

Alle organischen Stoffe sind die Grundlage für die Lebensmittelversorgung, jetzt und in der Zukunft. Sie ernähren nicht nur uns Menschen, sondern auch die Tiere in der freien Wildbahn. Und sie sollen auch weitere Rohstoffe für Produkte produzieren, die wir nicht missen wollen: Textilien oder Möbel zum Beispiel.

Ein Verbrauch, der die Regeneration der Humusvorräte in unseren Böden übersteigt, führt unweigerlich zu Hunger und Artensterben. Und zwar nicht nur weit weg von uns, sondern auch in unseren Gärten. Nur über die biologische Kompostierung können wir gewährleisten, dass unser Boden dauerhaft fruchtbar bleibt und auch im Garten unserer Kinder noch etwas wachsen wird.

Wenn Sie einen Garten haben, ist es relativ einfach, Ihren Lebensstil von Konsum auf Kompost umzustellen. Sorgen Sie dafür, dass möglichst viele organische Reste kompostiert werden – insbesondere auch die nährstoffreichen Küchenreste.

» BIOMÜLL

Biomüll sind organische Abfälle, die nicht oder nicht in den anfallenden Mengen kompostiert werden können, beispielsweise Speiseabfälle, Gülle oder Bioplastik. Sie entstehen durch falsches Wirtschaften.

Insbesondere die Küchenabfälle enthalten viele Nährstoffe.

Nur verwerten oder wirklich etwas daraus machen?

In Berlin geht mittlerweile der gesamte Inhalt der Biotonne in die neue Biogasanlage des kommunalen Entsorgungsbetriebes, der seine Fahrzeuge jetzt damit betreibt. Die wertvollen Küchenreste werden also nicht mehr kompostiert, sondern vergärt und verbrannt.

Mit eigenem Garten ist es sehr einfach, selbst zu kompostieren. Was Sie dafür wissen müssen und benötigen, finden Sie in dieser Anleitung genau beschrieben.

Jeder kann seinen Konsumstil verändern und vom Konsumenten zum Produzenten werden. In den Städten entstehen derzeit viele neue Gemeinschaftsgärten. Ein Heißkompost ist ein kleiner Schritt in den Garten, aber ein großer Schritt in die Zukunft:

Kompostieren statt konsumieren!

DIY – Do it yourself

Kompost wird als Gold des Gartens bezeichnet, weil er so wertvoll ist. Frischen Kompost bekannter Herkunft mit der für den eigenen Garten charakteristischen Artenvielfalt und allem, was die Pflanzen noch so benötigen, kann man nicht kaufen. Den muss man selbst machen.

Selbst gemachter Kompost ist unschlagbar

Mit einem Handhäcksler geht die Arbeit schnell voran.

» TORF wird durch den Abbau von Mooren gewonnen, die kostbare und unersetzliche Lebensräume darstellen.

Wer selbst kompostiert, wird mit dauerhaft fruchtbarem Boden und gesunden Pflanzen belohnt und muss weniger gießen, düngen und Schädlinge bekämpfen. Eine Handvoll guten Bodens enthält weit mehr Lebewesen als es Menschen auf der Erde gibt.

Wer Gartenerde oder Kompost im Baumarkt oder Gartencenter kauft, erhält immer noch zu einem großen Teil Torfprodukte oder andere, nährstoffarme Substrate.

Da Moore sehr nährstoffarm sind, wird der Torf mit chemischen Düngern versetzt, um überhaupt die für das Pflanzenwachstum notwendige Düngewirkung zu entfalten. Diese Produkte werden darüber hinaus noch sterilisiert, das heißt, alles Leben in ihnen wird abgetötet, bevor sie in die Plastiksäcke gefüllt werden. Das ist vielleicht für die Zimmerpflanzen in der Wohnung wünschenswert, aber bestimmt nicht für den Garten.

Gekaufter, industriell hergestellter Kompost hat eine andere Qualität als ein selbst gemachter, biologischer Kompost. Wenn die Anlagen keine Küchenreste mehr verarbeiten, werden diese Produkte ebenfalls nur mehr aus nährstoffarmen Ausgangsmaterialien hergestellt. Sie enthalten – wenn überhaupt – nur Mikroorganismen und keine höheren Bodentiere und stabilen Bodenkrümel. Daher kommt es beim Auftrag größerer Mengen an Oberboden im Garten oft zu Verdichtungen und Vernässungen. Nur ein lebendiger Boden hat Struktur und Stabilität und kann Wasser und Luft gut speichern. Was die vielen möglichen Schadstoffe betrifft, die Böden unbekannten Ursprungs enthalten können, sind die industriellen Produkte ebenfalls kaum zu kontrollieren.

Wer seinen Heißkompost nach dieser Anleitung selbst herstellt hat folgende Vorteile:

- Über die Ausgangsmaterialien können die Qualität und die Schadstoffbelastung des Komposts selbst bestimmt werden – wo nur „Bio“ reinkommt, ist auch nur „Bio“ drin.
- Der Kompost bietet einer Vielzahl nützlichen Bodenorganismen Lebensraum und Nahrung, so haben Pflanzenkrankheiten keine Chance.
- Es werden auch Humusarten gebildet, die Stabilität und Fruchtbarkeit des Bodens langfristig erhalten – so können Sie Humus aufbauen.
- Der Boden ist immer ausreichend mit Nähr- und Spurenstoffen versorgt.
- Sie sparen Geld: Gartenreste müssen nicht abgeholt oder transportiert werden; wer nachweisen kann, die Küchenreste selbst zu kompostieren, kann sich von der Gebühr für die Biotonne befreien lassen.
- Und außerdem: Heißkompostieren macht auch mit anderen zusammen Spaß.

» BODENKRÜMEL
sind stabile Bodenaggregate aus Ton und Humus, die den Lebensraum für Pflanzen und Tiere im Boden darstellen und Luft, Wasser, Nähr- und Spurenstoffe wie ein Schwamm speichern.

Zusammen heißkompostieren macht deutlich mehr Spaß!

Es gibt also viele gute Gründe, selbst mit dem Kompostieren zu beginnen. Und es ist derzeit die einzige Möglichkeit, guten Kompost für den eigenen Garten zu erhalten. Wie biologischer Kompost hergestellt werden kann, wird momentan weder an den Schulen noch an den Universitäten gelehrt. Die Forschung kümmert sich nur um die industrielle Kompostierung. Dort geht es in Kooperation mit großen Unternehmen in erster Linie um neue Verfahren, die Firmen gewinnbringend patentieren können. Die Vor- und Nachteile der biologischen Kompostierung werden nicht untersucht, denn sie kann nicht patentiert werden.

Was aber noch viel schlimmer ist: Im Hinblick auf die biologische Kompostierung herrscht demzufolge an Schulen und Universitäten weitgehende Unwissenheit. Ingenieure und Behörden betrachten mittlerweile einen biologischen Kompost als Umweltgefahr, weil sie den Unterschied zu einem industriellen Kompost gar nicht kennen.

Industrielle Kompostverfahren haben im Vergleich zu biologischen Kompostverfahren tatsächlich Nachteile, die zu Umweltverschmutzung führen können. Hier möchte ich nur zwei nennen:

- Da der Kompost während des Kompostierungsprozesses keine Verbindung zu einem gewachsenen Boden haben darf und auf befestigter Fläche lagern muss, können die Bioabfälle nur mikrobiell abgebaut werden. Ihre Abbauprodukte können von den humusbildenden Bodentieren, die in einem biologischen Kompost vorkommen, nicht aufgenommen werden und sickern aus dem Kompost.
- In Kompostanlagen sind die Kompostmieten viel zu groß – sie können nicht ausreichend belüftet werden und es entstehen umweltschädliche Gase wie Methan oder Lachgas.

Wer selbst mit dem Kompostieren beginnt, versteht schnell, worauf es dabei ankommt und welche Rahmenbedingungen notwendig sind, damit die Ab- und Umbauprozesse im Kompost vollständig ablaufen können.

Nur weil die Zusammenhänge komplex sind, müssen Lösungen noch lange nicht kompliziert sein. Falsche Wissens- und Glaubensbestände lassen sich am besten durch Ausprobieren lösen. Entweder Sie testen wie ich alle möglichen Ansätze – oder Sie vertrauen mir und entscheiden sich für die biologische Kompostierung. Am besten, Sie fangen gleich damit an:

Do it yourself!

all you need ...

Für die Schnellkompostierung brauchen Sie ungefähr:
1 Kubikmeter Garten- und Küchenreste, 2 Quadratmeter Fläche, 3 Leute im Alter von 6 bis 96 Jahren und 4 Stunden Zeit.

Gartenreste sind wichtig für die Bodenstruktur.

Selbst kompostieren kostet kaum Geld

Darüber hinaus brauchen Sie nichts, was Sie nicht sowieso in Ihrem Garten oder Haushalt bereits vorfinden oder selbst herstellen können. Die meisten Stoffe und Geräte, die ich in den nächsten Kapiteln aufzähle, sollten in jedem Garten mit herkömmlicher Kompostaufbereitung bereits vorhanden sein. Was zusätzlich nötig ist, können Sie günstig erwerben oder selbst machen.

Die Hälfte der Kompostmaterialien sollte noch bunt und feucht sein.

1 Kubikmeter Garten- und Küchenreste

Damit der Komposthaufen die Temperatur von 60 °C erreichen und über ein paar Tage lang halten kann, darf er nicht zu klein sein. Ab einem Kubikmeter (1 × 1 × 1 Meter) zerkleinerter Garten- und Küchenreste kann es losgehen. Weiter ist zu berücksichtigen, dass ungefähr die gleiche Menge an frischen (bunten) und alten (braunen) Materialien für die Kompostierung eingesetzt werden sollten.

Wenn das Material schon zu lange gelagert wurde oder komplett ausgetrocknet ist, sollte Sie es – kurz bevor Sie es in den Komposthaufen einbringen – wieder anfeuchten. Denn nur wenn die Organismen im Komposthaufen wieder aktiv werden können, sind sie in der Lage, die erforderliche Hitze für die Heißrotte zu entwickeln. Gegebenenfalls können auch frische Küchen- oder Bioreste eines benachbarten Biorestaurants oder -marktes zugesetzt werden. Je besser die Versorgung mit Nähr- und Spurenstoffen im Kompost ist, umso schneller läuft die Kompostierung ab. Schalen und

» **VERHÄLTNIS**
von buntem zu braunem Kompostmaterial:

Damit der Komposthaufen sicher heiß wird, sollte mindestens die Hälfte der organische Reste bunt, frisch oder feucht sein.

Gemüsereste enthalten mehr Nähr- und Spurenstoffe als Gartenreste und der nahegelegene Biomarkt freut sich bestimmt, wenn Sie seine Bioabfälle für den Humusaufbau verwenden. Ein Komposthaufen nur aus altem, trockenem Material wird nicht heiß!

Die richtigen Sammelbehälter

Die Wahl des richtigen Sammelbehälters ist fast die schwierigste Aufgabe beim Schnellkompostieren. Im Handel werden bisher noch keine optimalen Lösungen angeboten. Der Fantasie und Experimentierfreude sind also keine Grenzen gesetzt.

Das wichtigste beim Sammelbehälter ist, dass ausreichend Luft an das Kompostmaterial kommt, weil es sonst zu gären, faulen und stinken beginnt und Ungeziefer anzieht. Plastikbehälter mit Deckel – die klassische Biotonne also – sind zum Sammeln von

Gartenreste werden am besten in einem Holzbehälter …

organischen Resten für die Kompostierung nicht geeignet. Sie können außerdem schädliche Substanzen (Farbstoffe, Weichmacher oder andere Zusatzstoffe) enthalten, die durch die entstehenden Gase und Säuren noch zusätzlich gelöst werden und in das Kompostgut übergehen können. Deshalb sollten Sie das Kompostmaterial in einem klassischen Holzbehälter oder in einem Metallgitter mit Deckel sammeln.

Der Sammelbehälter für die Schnellkompostierung muss nicht unbedingt direkten Bodenkontakt haben. Sie können also auch auf der Terrasse, auf dem Balkon oder auf einer befestigten Fläche im Garten sammeln. Das hat auch den Vorteil, dass das Kompostmaterial dann nicht vorkompostiert und die humusbildenden Tiere noch nicht mit ihrer Arbeit beginnen. So bleibt die Energie im Kompostmaterial bis zur Heißrotte erhalten. Deshalb

... oder in einem Metallbehälter gesammelt.

Selbst gebauter Spezialbehälter für Küchenreste aus Holz und Metall.

sollten Sie das Kompostmaterial auch noch nicht zerkleinern, wenn Sie es sammeln (außer es ist so sperrig, dass es nicht in den Sammelbehälter oder daneben passt), sondern erst an dem Tag, an dem Sie den Komposthaufen für die Heißrotte aufsetzen. So bleibt das Material frischer und kann seine ganze Energie in der Heißrotte entfalten. Abgesehen davon funktioniert es in vielen großen Gärten nicht, wenn die Gärtner ihre Gartenreste nur zerkleinert auf den Komposthaufen werfen sollen. Es ist viel effizienter, das mit geeigneten Werkzeugen am eigentlichen Komposttag zu machen.

Am besten ist es also, Sie sammeln die Gartenreste wie bisher in einem klassischen Holzbehälter, den Sie aus alten, unbehandelten Brettern oder Paletten, Drahtgewebe oder Ziegelsteinen selbst bauen oder auch kaufen können. Für die Sammlung größerer Mengen an frischen (nicht gekochten oder gewürzten!) Obst- und Gemüseresten brauchen Sie jedoch spezielle Behälter. Alles, was stärke- oder zuckerhaltig ist, zieht Mäuse, Ratten und anderes Ungeziefer an. Damit das Ungeziefer nicht an die Küchenreste herankommt, ist es nötig, gut belüftete Behälter mit Deckel und Boden zu verwenden. Dafür haben sich Metallgitterbehälter bisher am besten bewährt. Sie gibt es in den Maßen 1 × 1 × 1 Meter zu kaufen. Das ist genau das Volumen, das wir für die Schnellkompostierung mindestens benötigen. Diese Metallgitterbehälter können mit Garten- und Küchenresten abwechselnd befüllt werden. Wer mehr Garten- als Küchenreste hat, stellt einfach noch einen Behälter für die Gartenreste daneben.

Wer nur einen Behälter im Garten unterbringt und schon einen Holzbehälter hat, der kann ihn mit einem engmaschigen Mäusedraht auskleiden (auch zum Boden hin) und mit einem Brett abdecken. So können Ratten und Mäuse nicht an die nährstoffreichen Küchenreste gelangen, bis der Komposthaufen aufgebaut wird.

Im Gemeinschaftsgarten Allmende Kontor auf dem Tempelhofer Feld haben wir zur Sammlung unserer Küchenreste einen eigenen Behälter mit Deckel und Boden gebaut.

Das Sammeln der Garten- und Küchenreste ohne direkten Bodenkontakt hat Vorteile bei der späteren Heißrotte.

Dieser Behälter vereinigt die Vorteile von Metall- und Holzbehältern: Das Kompostmaterial bleibt länger feucht, wird gut belüftet und Ungeziefer kommt nicht an unsere wertvollen Rohstoffe heran. Die Gärtner befüllen den Behälter dazwischen auch mit etwas trockenen Gartenresten. So lassen sich auch größere Mengen feuchter Küchenreste ohne Probleme sammeln. Bei Küchenresten ist darauf zu achten, was gesammelt wird, aber auch wie es gesammelt wird – insbesondere im Hinblick auf die hygienischen Anforderungen (siehe dazu das Kapitel Küchenreste). Das Vorurteil, dass ein Kompost stinkt und Ungeziefer sich vermehrt, ist in den meisten Fällen allein auf die Sammlung in dafür ungeeigneten Behältern aus Plastik zurückzuführen.

Damit das Material nicht vorkompostiert, haben wir unseren selbst gebauten Behälter noch zusätzlich auf Paletten aufgebockt. So wird auch von unten eine ausreichende Luftzufuhr gewährleistet.

Auch die im Handel angebotenen Schnellkomposter aus Plastik sind mit Vorsicht zu genießen. Oft gewährleisten sie keine ausreichende Luftzufuhr und entwickeln auch nicht genug Hitze, um Unkrautsamen und Krankheitserreger abzutöten. Es gibt viele weitere Gründe, warum ich freiwillig nicht zu so einem Behälter greifen würde. Für die Heißkompostierung sind sie auf jeden Fall gänzlich ungeeignet. Bitte auf keinen Fall kaufen!

Egal, für welche Sammelbehälter Sie sich entscheiden, Sie können sie direkt auf den Gartenboden stellen oder auf eine geflieste oder betonierte Bodenplatte, also auch auf Terrasse oder Balkon in der Nähe der Küche. Schauen Sie, wo Sie Platz dafür finden und was für die Organisation der Sammlung geeigneter ist.

Das gesammelte Material an dem Tag der Heißkompostierung zum Kompostplatz zu bringen und es erst dann zu zerkleinern, ist in jedem Fall zeit- und arbeitssparender, als wegen jedem Teebeutel weit zum Sammelbehälter zu laufen. Der Platz, auf dem der Heißkomposthaufen später steht, muss allerdings unbedingt direkten Kontakt zu einem gewachsenen und belebten Boden haben.

Der Arbeitsplatz im Garten.

2 Quadratmeter Fläche

Für die Schnellkompostierung benötigen Sie neben einem Behälter, in dem Sie Ihre Garten- und Küchenreste sammeln, noch einen Platz, wo Sie den Heißkompost aufbauen: den Kompostplatz.

Ein guter Kompostplatz liegt traditionellerweise möglichst windgeschützt an einem schattigen Ort im Garten. Das liegt daran, dass es die Bodentiere gern feucht und dunkel haben. Ein Heißkompost lässt sich überall aufbauen, denn eine dunkle und feuchte Atmosphäre erreichen Sie auch mit anderen Mitteln (siehe Kapitel Abdeckung und Pflege). So können Sie mit der Schnellkompostierung auch an sonnigen und windigen Orten sehr gut kompostieren. Das ist für Gärten mit keinen oder wenigen Bäumen wichtig.

Ein Kompost in einem Behälter oder auf einem befestigten Untergrund, einer Terrasse oder einem Balkon wird jedoch nicht gelingen, da der ungehinderte Zugang aller Bodentiere zum Komposthaufen nicht gewährleistet ist. Nur sie können organische Reste in Humus umwandeln und stabile Bodenpartikel bilden. Geschieht dies nicht, können Nähr- und Spurenstoffe als

Gase oder Flüssigkeiten in das Grundwasser oder in die Atmosphäre gelangen und diese verschmutzen. Aber nicht nur das: Diese Stoffe fehlen später im Kompost und die Böden werden unfruchtbar.

Der Komposthaufen sollte eine Höhe von 150 Zentimeter nicht überschreiten.

Nicht nur der ungehinderte Zugang aller Bodentiere zum Komposthaufen muss also gewährleistet sein, sondern sie müssen auch fliehen können, wenn die Bedingungen ungünstig für sie sind. Wenn der Kompost einmal austrocknet – zum Beispiel in der Urlaubszeit oder weil man ihn aus anderen Gründen nicht ausreichend pflegen konnte – können die für uns so wichtigen Bodentiere nicht entkommen. Mikroorganismen wie Bakterien oder Pilze kommen mit Hitze und Trockenheit noch ganz gut klar, unsere geliebten Regenwürmer oder die unter Naturschutz stehenden Käferlarven allerdings nicht.

Am besten ist, Sie bauen den neuen Komposthaufen neben einem bereits fertigen auf. Dann können die Tiere nach der Heißrotte direkt in den neuen Kompost umsiedeln, bevor der fertige

Kompost ausgebracht wird. Dann benötigen Sie allerdings einen Kompostplatz mit mindestens 2 Quadratmeter. Das ist insbesondere dann wichtig, wenn Sie mit dem Kompost Hochbeete, Pflanzgefäße oder Terrassen bepflanzen möchten, die keinen offenen Zugang zu einem natürlichen Boden haben. Dort sterben die Bodentiere sonst ab.

Für den Aufbau eines Schnellkomposthaufens brauchen Sie mindestens 1 Kubikmeter Garten- und Küchenreste, lieber mehr. Um die nötige Mindesttemperatur von 60 °C zu erreichen, sollte der

Mindest- und Maximaldimensionen eines Heißkompostes.

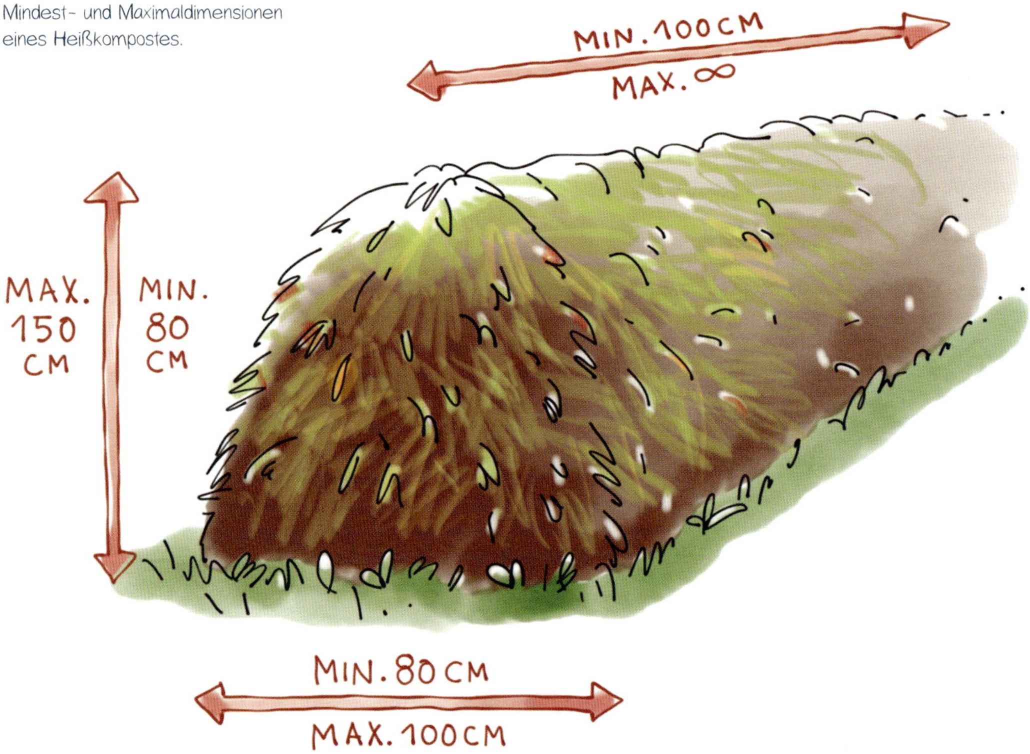

Komposthaufen mindestens eine Dimension von 80 Zentimetern in der Breite und in der Höhe haben. Um eine ausreichende Luftzufuhr zu gewährleisten, darf er die Maße beim Aufsetzen von 1 Meter in der Breite und 1,5 Meter in der Höhe nicht überschreiten.

Die Länge des Komposthaufens ist beliebig. 1 Meter ist die Mindestlänge und bei der Maximallänge gibt es keine Beschränkung. In der Landwirtschaft können Komposthaufen auch viele Meter lang werden.

Da sich das Kompostmaterial durch das Zerkleinern und Aufschichten bereits verdichtet, ist das Volumen des Komposthaufens immer etwas geringer als das Volumen des Ausgangsmaterials.

Die meisten Menschen verstecken ihren Kompost im hintersten Winkel ihres Gartens, dabei wäre er in der Mitte des Gartens viel besser aufgehoben. Ein Komposthaufen in der Mitte des Gartens wirkt sich positiv auf seine Umgebung aus, weil die Bodentiere die aufgenommenen Nährstoffe gleich selbst zu den Pflanzenwurzeln transportieren und dabei den Boden auflockern und fruchtbar machen. Damit sorgen sie dafür, dass unsere Pflanzen gesund bleiben.

Für die Heißkompostierung selbst benötigen Sie keine Behälter. Die traditionelle Form des Komposthaufens oder der Kompostmiete ist die beste Form. So hat der Kompost die geringste Oberfläche im Verhältnis zum Volumen und bleibt am besten feucht. Außerdem fügt sich ein Haufen viel besser in das Gartenbild ein als ein sperriger Behälter. Wenn Sie die Möglichkeit haben, wählen Sie einen schönen, schattigen Platz in der Mitte des Gartens. Mit einer Schubkarre können Sie am eigentlichen Komposttag den Transport von den Sammelbehältern zum Kompostplatz einfach und effizient bewältigen.

Der Schatten ist auch im Sommer angenehm, denn beim Zerkleinern der Kompostmaterialien kommt man schon mal ins Schwitzen.

Mit einer Schubkarre lassen sich die Materialien schnell von den Sammelbehältern zum Kompostplatz transportieren.

Platzbedarf insgesamt

Für unser Schnellverfahren benötigen wir also insgesamt mindestens 2 Quadratmeter Fläche: 1 Quadratmeter für die Sammlung der Garten- und Küchenreste und 1 Quadratmeter für den Komposthaufen. Sobald der Sammelbehälter voll ist, steht uns die für die Heißkompostierung erforderliche Mindestmenge von 1 Kubikmeter Kompostmaterial zur Verfügung und der Komposthaufen kann aufgebaut werden. Nach der Heißrotte bleibt der Komposthaufen drei, über den Winter sechs Monate lang liegen. Danach können Sie ihn im Garten ausbringen. Der Platz wird also schnell wieder frei, um einen neuen Komposthaufen aufzubauen, sobald Sie wieder genug Kompostmaterial gesammelt haben.

Ein herkömmlicher Kompost ohne Heißrotte braucht bei sehr guter Pflege mindestens ein Jahr, bevor Sie ihn ausbringen können. Zudem müssen Sie ihn auch noch zweimal umsetzen, benötigen also mindestens 3 Quadratmeter Fläche im Garten. Wenn Sie die tatsächlichen Liegezeiten berücksichtigen, lässt sich leicht ausrechnen, dass die Schnellkompostierung im Vergleich zur herkömmlichen Kompostierung wesentlich weniger Platz benötigt.

3 Leute im Alter von 6 bis 96 Jahren

Gemeinsam einen großen Komposthaufen aufzubauen, ist ein tolles Erlebnis für Kinder und Erwachsene. Um einen Komposthaufen in ausreichender Größe (mindestens 0,8 × 0,8 × 1 Meter) und mit viel Spaß an einem halben Tag aufzubauen, sollten Sie mindestens zu dritt sein. Auch Kinder beteiligen sich gern an der Kompostierung.

Zu dritt ist ein Heißkompost an einem halben Tag aufgebaut.

Einen Komposthaufen gemeinsam aufzubauen geht schneller und macht mehr Spaß.

Selbstverständlich können Sie einen Komposthaufen auch allein in ein paar Stunden aufbauen – je nachdem, welche Hilfsmittel zur Verfügung stehen. Mit einem einfachen Handhäcksler sind Sie allerdings schon einen ganzen Tag beschäftigt und werden Ihre Muskeln danach spüren. Mit einem Elektro- oder Benzinhäcksler geht die Arbeit schon schneller voran. Sie können die Arbeit auch unterbrechen und am nächsten Tag fortsetzen. Aber einen Schnellkompost sollten Sie schon zügig innerhalb von drei Tagen aufbauen.

Einen Komposthaufen gemeinsam mit anderen aufzubauen, ist besser und macht eindeutig mehr Spaß. In Gemeinschaftsgärten ist es außerdem eine willkommene Maßnahme, sich kennenzulernen und voneinander zu lernen. Nicht so erfahrene Kompostierer können so von den erfahrenen lernen. Letztlich ist es nicht nur eine Wissens-, sondern auch eine Entscheidungsfrage, was auf den Kompost soll und was nicht. Da scheiden sich ja bekanntlich die Geister – und das sollte bei einem Gemeinschaftsprojekt unbedingt ausgehandelt werden.

Kinder helfen gern beim Kompostieren mit und haben großes Interesse an Bodentieren.

In Anbetracht der vielen Vorteile, die ein Heißkompost im Vergleich zu einem herkömmlichen Gartenkompost hat, sollten auch Kleingartenanlagen oder Nachbarn mit Hausgärten über das gemeinsame Anlegen eines Schnellkomposts nachdenken. Das kann die gute Nachbarschaft fördern und das Einbeziehen aller Familienmitglieder ist ebenfalls von Vorteil. Insbesondere Kinder, auch die ganz kleinen, arbeiten begeistert bei der Kompostierung mit. Sie sind es auch, die später das größte Interesse an all den Tieren im Kompost haben und Tausendfüßlern, Spinnen und Insektenlarven noch ohne Abneigung begegnen. Das kann sich allerdings schlagartig mit der Pubertät ändern.

Kompostieren ist Arbeit

Eine Tatsache möchte ich allerdings nicht verschweigen und deshalb noch einmal gesondert ansprechen: Kompostieren ist Arbeit. Mit dem hier vorgestellten Heißkompostverfahren lässt sich zwar Arbeit sparen, weil die Sammlung und Pflege des Kompostes weniger Arbeit in Anspruch nimmt als bei einem herkömmlichen Kompost und nicht umgesetzt werden muss, aber insbesondere das Aufsetzen des Komposthaufens in der erforderlichen Dimension und Abfolge erfordert schon die Bereitschaft, sich über längere Zeit körperlich zu betätigen. Da es nicht anstrengend ist, empfinden die meisten Menschen diese Form der Arbeit als angenehm oder sogar heilsam.

Es gibt mittlerweile einige, die meinen, auch ohne Arbeit kompostieren zu können. Bei einem meiner Workshops hat sich ein Zuschauer einmal sehr darüber amüsiert, dass wir uns so viel Arbeit mit dem Aufbau des Komposthaufens machen. Seine Theorie: Man muss den Bioabfällen doch nur ein paar Effektive Mikroorganismen zusetzen und der Prozess läuft ganz von alleine ab. Dazu möchte ich nur kurz sagen: bei der Kompostierung geht es um den Aufbau von Humus und Ton-Humus-Komplexen als Voraussetzung für die Fruchtbarkeit und Stabilität unserer Böden. Es geht nicht darum, die Bioabfälle mikrobiell abzubauen und zu konservieren, wie das bei der Fermentierung der Fall ist. Humusaufbau kann nur durch die große Vielfalt der im Boden lebenden luftliebenden Mikroorganismen, Pilze und Tiere erfolgen, deren Prozesse optimal aufeinander abgestimmt sind. Gute Böden entstehen niemals unter Luftausschluss und die Bildung von Gasen und Säuren verhindert die Bodenneubildung.

Kompostieren und das Wiederherstellen von fruchtbaren Böden ist und bleibt also Arbeit. Die Arbeit, die wir uns heute vermeintlich sparen, indem wir nicht mehr kompostieren, sondern unsere wertvollen Bioreste lieber fermentieren, vergären oder verbrennen, müssen die Generationen nach uns wieder aufwenden, um fruchtbare Böden aufzubauen und sie zu erhalten. Dazu kommt der Aufwand, um die dadurch mit Schadstoffen belasteten Gewässer und die Luft wieder zu reinigen.

Selbstverständlich können wir uns die Arbeit mit bestimmten Techniken erleichtern. Das betrifft auch die Kompostierung. Eine biologische Kompostierung kann technisch sehr gut umgesetzt werden. Aber ersparen können wir sie uns nicht – wenn, dann auf Kosten unserer Kinder und Enkel.

Man kann schon mal ins Schwitzen kommen.

4 Stunden Zeit

Wie lange es dauert, einen Komposthaufen in der erforderlichen Zusammensetzung und Größe aufzubauen, hängt von der Anzahl der Mitkompostierenden, ihrer Arbeitseinstellung und Erfahrung ab. Wer schon mal einen Heißkompost aufgesetzt hat, ist natürlich schneller. Nichtsdestotrotz kostet das Zerkleinern und der richtige Aufbau des Komposthaufens auch mit Erfahrung und technischen Hilfsmitteln Zeit. Wenn die hier in dem Buch beschriebene Abfolge der Kompostschichtung mit etwas mehr Erfahrung nicht mehr so genau eingehalten werden muss und mit Elektrohäckslern auch etwas schneller vorangeht, müssen doch Häcksler besorgt oder gewartet werden und kosten Geld.

Humusaufbau im Klostergarten mitten in Fulda.

Realistisch ist es, für die Zusammenarbeit mit mehreren Personen vier Stunden und für das Aufsetzen eines Komposthaufens allein sieben bis acht Stunden einzuplanen. Der Einsatz von Benzin- oder Elektrohäckslern hat sich bisher nur für die trockenen Äste und Zweige bewährt. Dazu kommt die Zeit, um die Garten- und Küchenreste zu sammeln und zu lagern, aber viel Arbeit macht das nicht. Da sie im Vorfeld nicht zerkleinert werden müssen, ist das ein Vorteil insbesondere auch für die Zusammenarbeit in größeren Gärten.

Die Zeit für das Umsetzen des Komposthaufens sparen Sie komplett. Das Umsetzen kostet mehr Zeit, als für das sorgfältige Aufbauen eines Komposthaufens nötig ist. Außerdem ist das Umsetzen eines Komposthaufens harte und unerfreuliche Arbeit und kann für Allergiker auch zur Belastung werden.

Der richtige Zeitpunkt

Die passende Zeit, um einen Heißkompost anzusetzen, ist von April bis Oktober. Im Winter und bei Nachtfrost ist es schwierig, die erforderliche Mindesttemperatur von 60 °C zu erreichen – allerdings nicht unmöglich. In den Wintermonaten reicht es, das Garten- und Küchenmaterial zu sammeln. Es wird durch die Kälte gut konserviert und kann im Frühjahr frisch aufgesetzt werden.

Wie oft im Jahr kompostiert werden soll, hängt von den anfallenden Garten- und Küchenresten und den Sammelmöglichkeiten ab. Wichtig ist, die Abstände so zu wählen, dass immer ausreichend grüne Gartenreste und frische Küchenreste zur Verfügung stehen.

Ankündigung der Komposttage im Gemeinschaftsgarten Allmende Kontor auf dem Tempelhofer Feld.

Im Schatten bleiben sie gut feucht. Wer in der prallen Sonne sammelt, sollte öfter einen Komposthaufen aufsetzen. Ein Komposthaufen nur aus alten, trockenen Blättern und Zweigen erreicht nicht die erforderliche Mindesttemperatur.

Ich empfehle, in größeren Gärten zwei- bis viermal pro Gartensaison zu kompostieren und in Klein- und Hausgärten ein- bis zweimal pro Jahr, vorzugsweise im Herbst oder Frühjahr. Dann fallen die meisten Gartenreste an und der Kompost ist pünktlich zur Ausbringung im Herbst oder Frühjahr fertig.

Im dem Gemeinschaftsgarten auf dem Tempelhofer Feld kompostieren wir viermal pro Jahr. Dann haben wir immer ausreichend frische Gartenreste gesammelt. Die Komposttage – also die Tage, an denen der Heißkompost aufgesetzt wird – kündigen wir schon am Anfang des Jahres im Garten an, damit sich alle die Termine vormerken können.

In einem Klein- oder Hausgarten mit schattigem Sammelplatz reicht es aus, einmal im Jahr einen Komposthaufen aufzusetzen. Der ideale Zeitpunkt hierfür ist der September.

Materialien

Für die Kompostierung benötigen Sie zuerst einmal ausreichend frische, „bunte" und alte, „braune" Garten- und Küchenreste. Frisches Kompostmaterial kann grün, rot, gelb oder violett sein. Altes Material ist trocken und demzufolge meist braun. In der Praxis sind die Übergänge fließend. Wichtig ist das Verhältnis: Es sollte mindestens genauso viel feuchtes wie trockenes Ausgangsmaterial sein. Das trockene Ausgangsmaterial sollten Sie, bevor Sie es in den Komposthaufen bringen, zerkleinern und mindestens zehn Minuten lang wässern. Das empfehle ich auch für die Holzhäcksel, denn später im Komposthaufen darf es keine trockenen Stellen mehr geben und das nachträgliche Bewässern führt schnell zu Überschwemmungen auf dem Kompostplatz.

Je vielfältiger die Materialien sind, umso besser wird der Kompost.

GRÜNE GARTEN-RESTE
BRAUNE GARTEN-RESTE
FRISCHE ERDE, KOMPOST
GROBE ÄSTE
Kräuterextrakt

Neben zerkleinertem Holz brauchen Sie auch ein paar grobe Stämme, Zweige oder Holzstücke für die unterste Schicht des Komposthaufens.

Tierische Reste wie Haare, Federn, Nägel oder Dung von pflanzenfressenden Tieren können Sie ebenfalls kompostieren, ebenso wie ungefärbte Textilien, Papier oder Pappe.

Was genau Sie in den Komposthaufen einbauen können und wo Sie aufpassen sollten, findet sich in dem nachfolgenden Kapitel Schritt für Schritt.

Für die Heißkompostierung benötigen Sie darüber hinaus zwei Zusatzstoffe:

Pappe und Eierkartons sind hervorragend zu kompostieren.

Gesteinsmehle

Fruchtbarer Boden – die dünne, oberste Humusschicht eines natürlichen Bodens – besteht immer aus einer Mischung von organischen und anorganischen Stoffen. Dem Komposthaufen sollten also neben den organischen Ausgangsmaterialien auch Mineralstoffe zugesetzt werden. Das betrifft im Übrigen nicht nur die Heißrotte, sondern jeden Kompost.

Natürliche Mineralstoffe können Sie dem Komposthaufen in Form von Urgesteinsmehlen, Kalk und Tonmineralen zusetzen.

Der tatsächliche Bedarf an Mineralien hängt vom Boden und den Materialien ab, die Sie kompostieren möchten. Ist er sandig oder

» GRUNDREZEPT

für die mineralischen Zusatzstoffe pro Kubikmeter (m^3) Ausgangsmaterial:

10 kg Urgesteinsmehl

10 kg Tonminerale, zum Beispiel Bentonit

(Kalk nur bei Bedarf und nur in Form von Algen-, Muschelkalk oder Eierschalen)

Die genaue Zusammensetzung der Gesteinsmehle ergibt sich aus der Zusammensetzung der Kompostmaterialien und des Bodens.

tonig, kalkhaltig oder sauer, oder kompostieren Sie auch Saures, Kaffee oder Fichtennadeln? Wenn der Boden zum Beispiel sandig ist, brauchen Sie mehr Tonminerale, wenn er sauer ist, mehr Urgesteinsmehl. Mit fein gemahlenem Kalk sollten Sie sparsam umgehen, weil die Gefahr besteht, dass Sie wertvolle Nährstoffe wie Stickstoff verlieren. Die Zugabe von Eierschalen oder Muschelkalk verhindert das.

Wenn Sie nichts Näheres über den Boden wissen, mischen Sie am besten 10 Kilogramm Urgesteinsmehl und 10 Kilogramm Tonmineral für 1 Kubikmeter Ausgangsmaterial zusammen. Urgesteinsmehl und Bentonit sind in jedem Gartencenter günstig zu erwerben. Kalk setze ich sehr sparsam ein, und wenn, dann nur in Form von Algen- oder Muschelkalk und niemals in Form von Brandkalk. Wenn Sie viele Eierschalen haben, brauchen Sie keinen Kalk zu kaufen.

» PH-WERT

Mit dem pH-Wert bestimmen Sie, ob der Boden oder Kompost neutral, sauer oder alkalisch ist. Guter Boden hat einen pH-Wert zwischen 6 und 7. Säuren und stark alkalische Stoffe wie Holzasche und Pflanzenkohle schaden dem Bodenleben.

Urgesteinsmehle sind gemahlenes, vulkanisches Gestein und liefern wichtige Nähr- und Spurenelemente. Tonminerale sind so fein, dass sie eine riesige Oberfläche besitzen und Wasser sowie gelöste Nähr- und Spurenstoffe hervorragend im Boden festhalten können. Außerdem sind sie wichtig für die Bildung von Ton-Humus-Komplexen und Bodenkrümeln. Kalk sorgt dafür, dass der pH-Wert des Komposts neutral bleibt. So bleiben wichtige Nähr- und Spurenelemente im Kompost gebunden und können nicht ausgespült werden. Zuviel Kalk führt dazu, dass der für die Pflanzen so wichtige Stickstoff als Ammoniak ausgetrieben wird und die Luft verschmutzt. Das daraus entstehende Lachgas schädigt nicht nur die Ozonschicht, sondern ist auch extrem klimaschädlich.

Wer gute und nicht zu saure Ausgangsmaterialien verwendet (nicht zu viele Zitrusfrüchte oder schwer abbaubares Eichenlaub zum Beispiel) und seinen Kompost so aufbaut, dass er immer genug Luft bekommt, kann sich den Kalk auch ganz sparen. Trotzdem empfehle ich, den pH-Wert des fertigen Kompostes die ersten Male zu prüfen und, falls er zu niedrig ist, beim nächsten Mal doch etwas Kalk zuzusetzen.

Kräuterextrakt (auch Elixier genannt)

Für die Schnellkompostierung hat es sich bewährt, bestimmte Wildkräuter zuzusetzen. Um die Heißrotte und die Umsetzung der Garten- und Küchenreste in Humus zu beschleunigen, können Sie dem Komposthaufen einen Kräuterextrakt aus fünf Heilkräutern zufügen.

Wissenschaftlich lässt sich seine Wirkung nicht erklären, aber zahlreiche Experimente haben bewiesen, dass die Kompostierung damit besser funktioniert.

Der Extrakt besteht aus den fünf Kräutern: Wilde Kamille, Löwenzahn, Gewöhnlicher Baldrian, Schafgarbe und Brennnessel vermischt mit Eichenrinde, Milchzucker und Honig.

Sie sammeln die Blüten und Blätter und trocknen sie so schnell wie möglich. Das kann auch in einem Backofen erfolgen, allerdings nur bis zu einer Temperatur von 35 °C. Danach mahlen Sie

Der Kräuterextrakt besteht aus fünf getrockneten Wildkräutern.

REZEPT KRÄUTEREXTRAKT
SAMMELN, TROCKNEN, MAHLEN, SIEBEN
WILDE KAMILLE
LÖWEN-ZAHN
GEWÖHN-LICHER BALDRIAN
SCHAF-GARBE
BRENN-NESSEL
EICHEN-RINDE
50 g
500 g
MILCH-ZUCKER
HONIG

die Kräuter möglichst fein, sieben sie ab und bewahren sie getrennt in Glasbehältern auf. Ebenso verfahren Sie mit der äußeren, rauen Rinde der Eiche. In einem Porzellanmörser zerreiben Sie 50 Gramm Honig mit 500 Gramm Milchzucker, bis es eine vollständig homogene Masse ist. Das kann einige Zeit dauern.

Die einzelnen Bestandteile mischen Sie zu gleichen Volumenanteilen (zum Beispiel je ein Teelöffel) und bewahren sie in einem geschlossenen Glasbehälter auf. Für 1 Kubikmeter Kompostmaterial benötigen Sie nur 1 Gramm der Mischung. Einen Tag bevor Sie den Komposthaufen aufbauen, schlämmen Sie die Mischung in einem halben Liter Wasser auf und lassen sie über Nacht stehen. Am besten eignet sich dafür Regenwasser.

Mit dem Finger im Flaschenhals können Sie den Extrakt fein über dem Kompost verteilen.

Fertig ist der Kräuterextrakt! Damit schließen Sie jede Schicht ab. Er lässt sich gut über den Kompost verteilen, indem Sie den Finger in den Flaschenhals stecken und den Kräuterextrakt fein über den Kompost sprühen.

Die Herstellung des Kräuterextrakts ist das Komplizierteste an der Heißkompostierung, aber sein Einsatz lohnt sich. Probieren Sie es aus! Ich mache mein Kräuterpulver inzwischen selbst und gebe auch gern etwas davon ab. Die Benediktinerinnenabtei in Fulda verkauft das Mittel auch unter dem Handelsnamen Humofix. Die Nonnen haben es geschafft, mit ihrer Schnellkompostierung einen Garten aufzubauen, der 2 Meter über dem Niveau der Stadt liegt – vorbildlichster Humusaufbau und der beste Beweis dafür, dass es funktioniert.

Wie schön ihr Garten jedes Jahr blüht, zeigen die Nonnen auch gern bei einer ihrer Führungen. 2016 sind sie von den Umweltbehörden dazu verdonnert worden, nur mehr auf befestigtem Untergrund und in Plastikbehältern zu kompostieren. Die

Dieses Rezept für den Kräuterextrakt stammt aus dem Kloster.

Der Klostergarten in Fulda liegt 2 Meter über dem Niveau der Stadt.

Behauptung, der biologische Kompost trage zur Versalzung ihrer Klostermauern bei, entbehrt jeder wissenschaftlichen Grundlage. Obwohl sie das wissen, lehnen sich die Benediktinerinnen nicht dagegen auf.

Die Schwestern arbeiten ebenfalls nur mit den bereits vorhandenen, für einen Garten typischen Organismen und vermehren sie beziehungsweise erhalten ihre Vielfalt. Und diese Artenvielfalt trägt dazu bei, dass alle Stoffe, die im Kompost entstehen, sofort auf- und weiterverarbeitet werden. Demzufolge entstehen auch keine Sickerwässer wie bei der industriellen Kompostierung. Die biologische Kompostierung im Hinblick auf ihre Umweltauswirkungen – im positiven wie im negativen Sinne – noch nicht wissenschaftlich untersucht. Die Nonnen fügen ihrem Schnellkom-

Manche Umweltbehörden verbieten die biologische Kompostierung ohne wissenschaftliche Grundlage.

post auch keine Bakterienkulturen oder chemischen Stoffe zu, die biochemische Prozesse im Kompost steuern, umgehen oder verändern, denn Gärung, Fermentation oder chemische Oxidation sind keine Kompostierung. Leider wissen das viele nicht.

Wie im Kapitel Transformation dargestellt braucht es viele verschiedene Mikroorganismen und Bodentiere, die an der Umsetzung der Garten- und Küchenreste in Kompost beteiligt sind. Wird ein so komplexer Prozess falsch eingeleitet, indem nur bestimmte oder die falschen Organismen zugesetzt werden, verdrängen sie die Bodenorgansimen und die können ihre Abbauprodukte nicht weiter verarbeiten. Diese reichern sich im Kompost an oder gelangen als Schadstoffe in die Gewässer und in die Luft.

Je vielfältiger die an der Kompostierung beteiligten Pflanzen und Tiere sind, umso besser kann die Kompostierung ablaufen und umso besser ist ihr Produkt. Deshalb setzen wir keine Organismen und Substanzen zu, die die Arbeit der eigentlichen Humusbildner hemmen oder ersetzen, sondern regen sie an, aktiv zu werden und sich zu vermehren. Dass dabei Energie in Form von Wärme entsteht, ist ein völlig natürlicher und durchaus gewollter Nebeneffekt mit vielen Vorteilen für die Gärtner. Diese Energie kann natürlich auch genutzt werden.

SAMMELN
verschiedene Gefäße
ZERKLEINERN
Spaten
Axt
Schere
Hand-häcksler
Rasenmäher
WÄSSERN
Schlauch
mit Brause
Gieß-kanne
Behälter
BEFÜLLEN
Mistgabel
Schaufel
MISCHEN
Flasche
Glas
MESSEN
Thermo-meter
ABDECKEN
Naturfasermatte
Abdeckfolie
mind. 2x3 m
Heringe
mit Ösen
Kompost-sieb
SIEBEN
Decken und alte Säcke
Stroh- oder Schilfrohr-matte

Geräte

Für den Aufbau- und Abbau des Komposthaufens benötigen Sie folgende Geräte:

- Einen oder mehrere geeignete Behälter
- Verschiedene Gartengeräte zum Zerkleinern: Gartenscheren, Spaten, Häcksler oder Rasenmäher, Axt
- Behälter zum Wässern der Kompostmaterialien
- Behälter und Flasche zum Mischen der Zusatzstoffe
- Gießkanne oder Schlauch mit Brause
- Mistgabel
- Schaufel
- Dämmstoffe wie alte Säcke oder Decken, Wollstoffe oder Naturfasermatten
- Stroh- oder Schilfrohrmatte
- Abdeckfolie aus Kunststoff (2 × 3 m oder größer) mit Ösen
- Heringe
- Thermometer
- Kompostsieb (falls gewünscht)

Bewährte Geräte für die Heißkompostierung im Garten.

Geräte zum Zerkleinern der Kompostmaterialien

Je besser Sie die Küchen- und Gartenreste zerkleinern, umso besser können diese mit den anderen Ausgangsmaterialien vermischt und umso schneller von den Bodentieren zu Kompost umgebaut werden. Frische Gartenreste lassen sich am besten mit den Händen zerkleinern, indem man sie dreht, quetscht oder bricht. Das reicht, um den Organismen Zugang für den Ab- und weiteren Umbau der organischen Reste zu verschaffen.

Wer die Handarbeit scheut oder es eilig hat, kann sich auch eines Benzin- oder Elektrohäckslers bedienen. Diese können Sie in Bau- oder Gartencentern kaufen oder ausleihen. Bisher haben wir jedoch noch kein Modell gefunden, das all unseren Ansprüchen genügt. Garten- und Küchenreste lassen sich jedoch auch hervorragend mit dem Rasenmäher häckseln.

Feine Blätter oder Kräuter müssen Sie nicht zerkleinern.

Trockene Stiele und Zweige zerkleinern Sie am besten mit dem Handhäcksler.

Obst- und Gemüsereste können Sie gut mit dem Spaten zerkleinern.

Geräte zum Wässern der trockenen Kompostmaterialien

Trockene Gartenreste wässern Sie am besten, bevor Sie diese in den Komposthaufen einbringen. Dafür können Sie jeden beliebigen wasserundurchlässigen Behälter verwenden.

Wenn Sie die trockenen Kompostmaterialien nicht wässern, bevor Sie diese in den Komposthaufen schichten, müssen Sie während

Trockene Küchen- und Gartenreste sollten Sie wässern, bevor sie auf den Kompost kommen.

des Aufbaus sehr viel gießen. Das verbraucht Wasser und es besteht die Gefahr, dass wichtige Bestandteile ausgespült werden.

Nicht nur die trockenen Kompostmaterialien müssen gegossen werden, sondern auch die frischen. Am besten gießen Sie nach dem Auftrag jeder Schicht, bis alles nass ist. Dafür benötigen Sie eine Gießkanne und einen Wasseranschluss oder besser noch: einen Schlauch mit Brause. Ein naheliegender Wasseranschluss oder Brunnen erspart viel Arbeit. Wasser aus der Regentonne ist am besten.

Der fertige Komposthaufen wird mit natürlichen Dämmmaterialien und einer Gartenplane abgedeckt.

Damit genug Luft an den Kompost kommt, darf die Plane nicht bis zum Boden gespannt werden.

Geräte zum Aufbauen des Komposthaufens

Für das Aufbauen des Komposthaufens benötigen Sie gängige Gartenwerkzeuge wie Mistgabeln, Spaten und Schaufeln. Um die Hitze im Komposthaufen zu erhalten und die Temperatur von mindestens 60 °C möglichst in allen Bereichen des Komposthaufens für ein paar Tage zu erreichen, gibt es ein paar Tricks: Sie decken den Komposthaufen mit natürlichen Dämmmaterialien ab. Das können alte Decken, Stoffe oder Naturfasermatten sein.

Um die Temperatur im Komposthaufen zu überprüfen, verwenden Sie ein Thermometer, das Sie circa 10 Zentimeter tief in den Komposthaufen stecken können. Ich verwende dafür ein einfaches Bratenthermometer aus der Küche.

Wenn der Komposthaufen die Temperatur von mindestens 60 °C für ein paar Tage erreicht hat, tauschen Sie die Dämmmaterialien gegen eine einfache Strohmatte aus. Und damit es die Bodentiere immer schön feucht und dunkel haben, decken wir den Komposthaufen zusätzlich mit einer einfachen Gartenfolie ab und befestigen sie mit Heringen im Boden.

Geräte zum Sieben des fertigen Komposts

Falls Sie feinen Kompost bevorzugen und ihn sieben möchten, benötigen Sie ein Kompostsieb. Gängige Durchwurfsiebe sind dafür am besten geeignet.

Mit einem Durchwurfsieb können grobe Reste einfach aussortiert werden.

... is love

Was Sie noch brauchen, um einen Heißkomposthaufen aufzubauen, ist Liebe. Liebe zu den Bodenorganismen, die für Sie die Arbeit erledigen sollen und für die Sie die Rahmenbedingungen schaffen. Obwohl mir das noch nie passiert ist, sollten Sie während der Heißrotte darauf achten, dass der Komposthaufen nicht heißer als 70 °C wird, und danach ab und zu einmal nachsehen, ob er nicht zu feucht oder zu trocken ist. Im Winter decken Sie ihn mit Herbstlaub zu, damit er nicht durchfriert. So kann die Umwandlung in frischen Kompost für den Frühling auch in der kalten Jahreszeit stattfinden.

Kompostieren mit Herz und Verstand!

Nicht nur der Kopf, sondern auch das Herz sollte beim Kompostieren dabei sein.

Schritt für Schritt und Schicht für Schicht

Ein Heißkompost wird schichtweise aufgebaut. Nur so entsteht ein lockeres und zugleich stabiles Bauwerk.

Der Aufbau des Heißkomposts

Der Name Kompost leitet sich ab vom Lateinischen *compositum* und bedeutet: Zusammengesetztes. Wie bei einem guten Menü bestimmen die Zutaten, die Zeit und die richtigen Rahmenbedingungen über die Qualität eines Komposts.

Ein Heißkompost wird schichtweise aufgebaut. Der Ab- und Umbau von Garten- und Küchenresten zu Kompost und fruchtbarer Erde muss gleichzeitig und auf engstem Raum stattfinden können, damit Nähr- und Spurenstoffe nicht verlorengehen und

Die Gesteinsmehle werden auf das Kompostmaterial aufgetragen und danach gut eingemischt.

sich stabile Bodenpartikel bilden können. Dafür tragen Sie die verschiedenen, zerkleinerten Materialien nacheinander auf, feuchten sie an und vermischen sie gut miteinander. Die Kompostmaterialien bilden den Lebensraum und die Nahrungsquelle für Milliarden verschiedener Lebewesen, die unsere Bioreste in frische, fruchtbare Erde umwandeln.

Die Schichten

In neun Schritten tragen Sie verschiedene Materialien nacheinander auf, gießen gut und vermischen sie miteinander, bis es keine trockenen Stellen mehr gibt. So bildet sich eine lockere und stabile Schicht aus alten und neuen Pflanzenresten, Holz, Küchen-

Ein gut aufgebauter Komposthaufen ist locker und stabil zugleich.

resten und anderen kompostierbaren Materialien. Danach beginnen Sie wieder mit einer neuen Schicht, bis der Komposthaufen ungefähr eine Höhe von 1 Meter hat. Das machen Sie in der Regel fünfmal. Bei begrenzter Verfügbarkeit eines Stoffes empfiehlt es sich, das vorhandene Material in fünf Teile zu teilen, damit nicht am Ende die Küchenreste oder die Mineralien fehlen. Die im Folgenden beschriebene Abfolge der Schichten sollten Sie einhalten. Falls Sie ein Material nicht zur Verfügung haben, gehen Sie einfach zur nächsten Schicht über. Für ein optimales Ergebnis empfehle ich allerdings, alle neun Kompostmaterialien einzusetzen. Frische Obst- und Gemüsereste oder Holzhäcksel lassen sich einfach in der Nachbarschaft besorgen, falls sie nicht in ausreichender Menge und Qualität im Garten zur Verfügung stehen.
Dem Zerkleinern, Mischen und Gießen kommt beim Aufbauen

Faserige Stiele und Blätter lassen sich mit der Gartenschere gut schneiden.

eines Heißkompostes große Bedeutung zu. Darin besteht die Hauptarbeit beim Kompostieren und es sollte gut gemacht sein. Zu Beginn würde ich nach jedem Materialauftrag gießen, bis alles schön feucht ist, und das zuletzt aufgebrachte Material mit den vorherigen Materialien aus derselben Schicht vermischen.

Mit der Zeit werden Sie selbst herausfinden, wie gut Sie zerkleinern und wann Sie mischen und gießen müssen, um das gewünschte Ergebnis zu erhalten. Wenn der Komposthaufen am Ende nicht überall heiß wird, liegt es meistens daran, dass Sie eines der drei Dinge nicht gut genug gemacht haben. Die einzelnen Arbeiten lassen sich sehr gut auf mehrere Leute verteilen. Kinder gießen besonders gern.

Am Ende des Tages liegt der Komposthaufen also nicht in einzelnen Schichten vor, sondern optimal durchmischt und durchfeuchtet als stabiles „Bauwerk". Wenn Sie den Komposthaufen wie hier beschrieben aufbauen, können Sie gar nicht zu viel gießen, weil er locker und zugleich stabil ist – so wie die Erde danach auch.

» MISCHEN IS POSSIBLE

Je kleiner, feuchter und besser durchmischt die unterschiedlichen Komponenten sind, umso schneller findet die Humusbildung statt. Beim Heißkompost ist die optimale Zusammensetzung und Durchmischung besonders wichtig, damit er anfangs die erforderliche Temperatur von mindestens 60 °C erreichen kann.

Die Dränage sorgt für die optimale Belüftung des Heißkomposts von unten.

Die Dränage

Bevor Sie mit der ersten Schicht beginnen, sollten Sie noch aus groben Stämmen und Ästen eine Dränage bauen, auf der der Kompost dann aufgebaut wird. Das dient dazu, dass überschüssiges Wasser gut aus dem Komposthaufen austreten kann und der Haufen über den ganzen Kompostierungsprozess gut von unten belüftet wird. Im Gegensatz zu den anderen Materialien soll die Dränage nicht abgebaut werden und bestehen bleiben.

Bau der Dränage

Auf der Fläche des zukünftigen Komposthaufens (80 bis 100 Zentimeter breit und beliebig lang) legen Sie grobe Holzstücke oder Äste 5 bis 10 Zentimeter hoch kreuz und quer auf dem Gartenboden aus. Diese können Sie entweder im Garten oder Wald sammeln oder einem früheren Komposthaufen entnehmen. Wichtig ist, dass die Äste so grob, lang oder hart sind, dass sie sich während der Kompostierung nicht zersetzen. Bei längeren Ästen ist das ab einem Durchmesser von ein bis zwei Zentimetern der Fall – je gröber, umso besser. Für diese Schicht können Sie all jene Hölzer verwenden, die zu dick sind, um sie zu zerkleinern.

ZUTATEN

Grobe Holzstücke und Äste

Die nicht zerkleinerten Holzstücke oder Äste sollen möglichst viele Hohlräume bilden, denn die Dränage dient dazu, dem Kompost während des gesamten Prozesses ausreichend Luft von unten zuzuführen und überschüssiges Wasser abfließen zu lassen. Mit der Umsetzung der Garten- und Küchenreste zu Humus verdichtet sich der Komposthaufen mit der Zeit. Über die Belüftung und Dränage von unten wird gewährleistet, dass es zu keiner Staunässe kommt und der Kompost von allen Seiten gut belüftet wird. Das ist wichtig, damit die humusbildenden Bodenorganismen, die alle auf Sauerstoff angewiesen sind, im gesamten Komposthaufen ausreichend mit Luft versorgt werden und ihre Arbeit ungestört verrichten können.

1
FRISCHE GARTENRESTE
NÄHRSTOFFE
SPURENELEMENTE
grüne Stiele
bunte Früchte
grüne Kräuter
grüne Blätter
Rasen-
schnitt
bunte
Blüten
10 –
15 cm
5 –
10 cm

Aufbau der Schichten

Jede Schicht besteht aus neun verschiedenen Materialien, die gut zerkleinert und locker miteinander vermischt sind. Wenn Sie die Materialien bereits in der richtigen Reihenfolge auftragen, können sie sich optimal vermischen.

Schritt 1: Frische Gartenreste

Als erstes Material zerkleinern Sie frische, noch nicht braune, sondern grüne oder bunte Gartenreste und tragen diese locker circa 10 bis 15 Zentimeter hoch über der Dränageschicht auf.

Brechen oder verdrehen Sie knackige Gartenreste mit den Händen, um diese gut zu zerkleinern. Weiches oder faserreiches Material schneiden Sie am besten mit der Gartenschere. Auch der Handhäcksler ist hier eine gute Lösung. Für die Früchte nehmen Sie idealerweise einen Spaten. Es reicht, wenn Sie einen Apfel dreimal durchhacken oder Stiele auf Daumengröße zerkleinern. Blüten, Kräuter bis 10 Zentimeter Länge und Rasenschnitt müssen Sie überhaupt nicht zerkleinern.

Beim Rasenschnitt empfiehlt es sich allerdings, ihn nach dem Schnitt im Garten noch etwas antrocknen zu lassen, bevor Sie ihn in den Kompost bringen.

Beikräuter wie Brennnessel, Schafgabe oder Löwenzahn sind keine Unkräuter, sondern hervorragende Kompostverbesserer. Sie können in frischer und getrockneter Form die Kompostierung beschleunigen. Quecke, Giersch und samende Unkräuter bauen Sie am besten in die Mitte des Komposthaufens ein. Die Hitzeentwicklung zu Beginn der Kompostierung macht sie unschädlich. Größere Mengen an Pflanzenteilen mit Schädlingsbefall oder samenden Unkräutern sind jedoch Biomüll.

Über die frischen Gartenreste werden wichtige Nährstoffe und Spurenelemente in den Kompost eingebracht.

ZUTATEN

- Grüne Kräuter
- Grüne Stiele
- Grüne Blätter
- Bunte Früchte
- Bunte Blüten
- Wurzeln
- Heu (angetrockneter Rasenschnitt)

2
ALTE GARTENRESTE
NÄHRSTOFFE
STRUKTURSTOFFE
braune Stiele
braune Kräuter
braune Blüten
braune Früchte
vertrocknete Wurzeln
braune Blätter
20 cm
10–15 cm
5–10 cm

Schritt 2: Alte Gartenreste

Als zweites Material werden alte, bereits verdorrte, braune Gartenreste circa 10 Zentimeter hoch auf den frischen Gartenresten aufgetragen. Große, feste Pflanzenteile lassen sich mit dem Häcksler oder der Axt zerkleinern. Feinere Teile können Sie meist mit der Hand zerbrechen, quetschen oder zerbröseln. Es ist günstig, die trockenen Gartenreste zuvor 10 Minuten lang in einen Behälter mit Wasser zu legen.

Liegen frische und alte Gartenreste vermischt im Sammelbehälter vor, zerkleinern Sie diese gemeinsam und bringen Sie sie circa 20 Zentimeter hoch direkt auf die Dränage auf. Danach gießen Sie so lange, bis es keine trockenen Stellen mehr im Komposthaufen gibt.

Größere Mengen an Laub sollten nicht im Komposthaufen landen, sondern in einem extra hergestellten Laubkompost. Kleinere Mengen können Sie mit dem Häcksler oder dem Rasenmäher zerkleinert gut einbringen. Die verschiedenen Laubarten zersetzen sich unterschiedlich schnell. Eichenlaub und Nadeln brauchen lange und sind darüber hinaus sauer. Das müssen Sie bei der Kalkzugabe berücksichtigen.

Größere Mengen an verfaulten oder übel riechenden Pflanzenteilen sind Biomüll und sollten nicht in den Komposthaufen gelangen. Kleine Mengen sind kein Problem, wenn der Kompost gut belüftet ist. Sie müssen nicht extra aussortiert werden.

Über diese Schicht gelangen Nähr- und Strukturstoffe in den Kompost.

ZUTATEN

- Braune Kräuter
- Braune Stiele
- Braune Blätter (nur geringe Mengen an Laub)
- Braune Blüten
- Braune Früchte
- Vertrocknete Wurzeln

3
KÜCHENRESTE
NÄHRSTOFFE
MINERALIEN
VITAMINE
Eierschalen
Blätter
und
Stiele
Schalen
Kaffeereste
Teereste
Frucht-
fleisch
5
cm
20
cm
10 –
15 cm
5 –
10 cm

Schritt 3: Küchenreste

Als drittes Material bringen Sie Küchenreste circa 5 Zentimeter hoch auf. Wichtig ist, dass die Küchenreste weder gekocht noch gewürzt wurden. Wer nicht genug Küchenreste zur Verfügung hat, kann sich von einem benachbarten Markt frische Obst- und Gemüsereste holen. Markt- und Küchenreste zerhacken Sie – falls sie nicht schon zerkleinert sind – am besten mit dem Spaten. Achtung: Spritzgefahr bei frischem Obst und Gemüse!

Es dürfen nur rohe Küchenreste in den Komposthaufen gelangen. Speiseabfälle, Fleisch oder Backwaren sind Biomüll. Ein großer Streitpunkt sind die Zitrusfrüchte. Allgemein sollten Sie beachten, dass Obst und Gemüse, die über weite Wege zu uns transportiert wurden, mit Stoffen behandelt wurden, die ihre Haltbarkeit erhöhen und die Kompostierung hemmen. Mit kleineren Mengen an Konservierungsmitteln wird ein gut aufgebauter Komposthaufen leicht fertig. Größere Mengen an Schalen exotischer Früchte sollten allerdings nicht in den Komposthaufen gelangen. Das Gleiche trifft auf Kaffee zu. Bioware ist in dieser Beziehung weitgehend unproblematisch. Wer nur Bioobst und -gemüse kompostiert, erhält auch einen Kompost in Bioqualität. Wollen Sie Zitrusfrüchte oder Kaffeesatz in kleinen Mengen kompostieren, sollten Sie etwas Kalk zugeben. Die Zugabe von Eierschalen hilft auch. Zitrusfrüchte, Kaffee und Nüsse sollten nur frisch verarbeitet werden. Bei längerer Lagerung bilden sie grüne Schimmelpilze aus, die gesundheitsschädlich sind.

Über die Küchenreste bringen wir einen Teil der Nähr-, Mineral- und Vitaminstoffe wieder in den Boden ein, die wir ihm über die Ernte entzogen haben. Auch die Bodenorganismen benötigen diese Stoffe. Deshalb sind frische Küchenreste für die Heißkompostierung besonders wichtig.

ZUTATEN:

- Schalen, Blätter und Stiele von Obst und Gemüse
- Obst- und Gemüsereste (gegebenenfalls auch aus dem Bioladen)
- Fruchtfleisch
- Tee- und Kaffeereste und -filter aus Papier
- Eierschalen

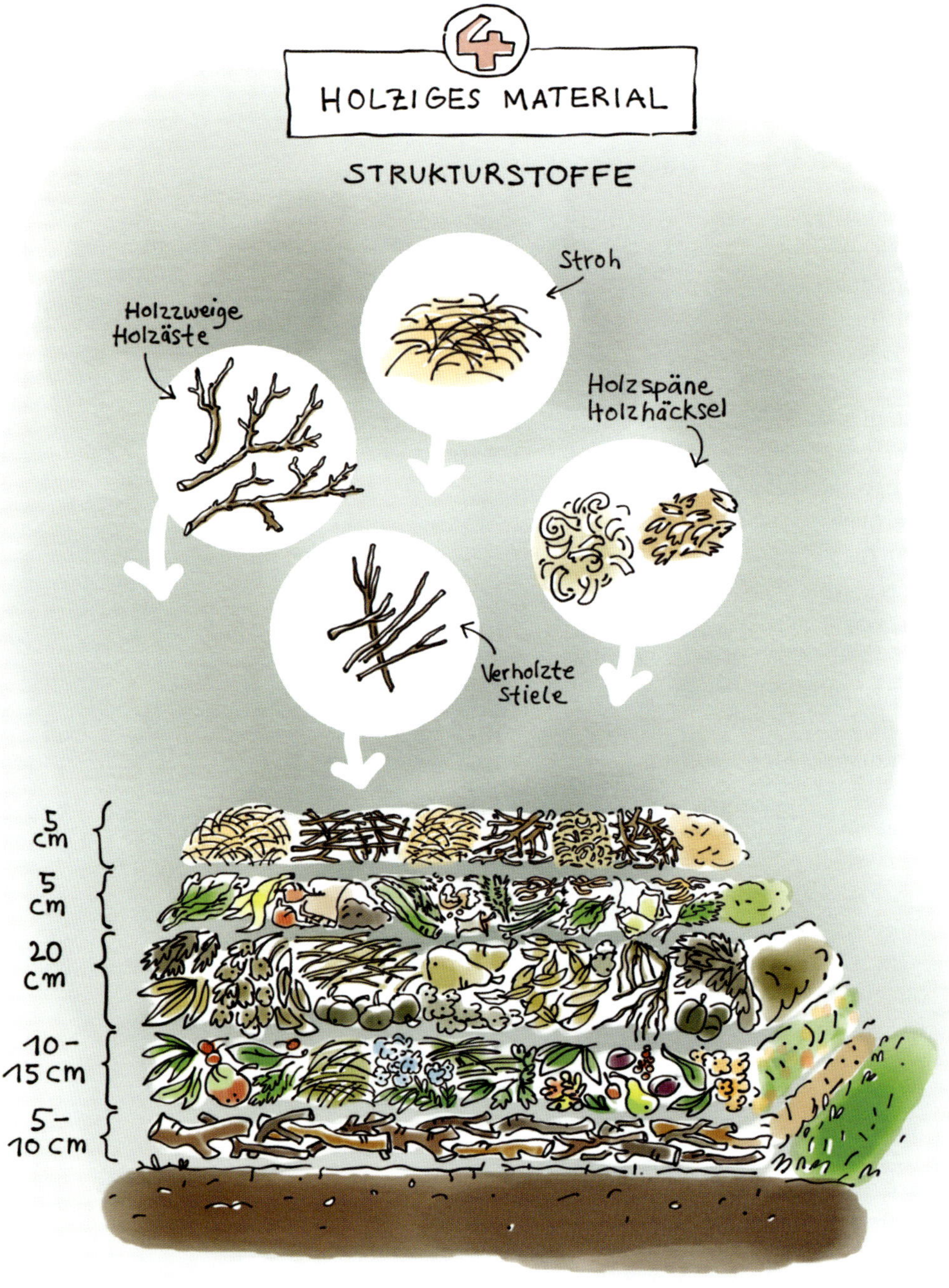
4
HOLZIGES MATERIAL
STRUKTURSTOFFE
Stroh
Holzzweige
Holzäste
Holzspäne
Holzhäcksel
Verholzte
Stiele
5
cm
5
cm
20
cm
10–
15 cm
5–
10 cm

Schritt 4: Holziges Material

Holziges Material schichten Sie als viertes Material circa 5 Zentimeter hoch auf. Die Holzstücke sollten möglichst fein sein, also maximal einen Durchmesser von 2 bis 3 Zentimetern haben, damit sie gut umgebaut werden können. Falls nicht ausreichend Holz im Garten zur Verfügung steht, können Sie unbehandeltes Holz auch aus einer benachbarten Tischlerei oder einem bekannten Sägewerk beziehen.

ZUTATEN:

- Holzzweige und -äste
- Holzspäne und -häcksel
- Teile von verholzten Stielen
- Stroh

Holz, das mit Holzschutzmitteln behandelt wurde, oder Holzverbundwerkstoffe mit synthetischen Klebern sollten nicht in den Komposthaufen gelangen. Sie werden nicht abgebaut. Auch größere Mengen an Rinden(mulch) verzögern die Kompostierung, denn Gerbstoffe hemmen die Bakterien und Pilze. Bevor Sie holziges Material in den Komposthaufen einbringen, sollten Sie es kurz wässern.

Holz ist als Strukturgeber für den Boden sehr wichtig. Ich rate Ihnen, die Mühe des Holzhäckselns oder Holzbeschaffens auf sich zu nehmen.

Nicht empfehlenswert ist die Zugabe von Pflanzenkohle oder Holzasche. Sie enthalten nicht abbaubare, giftige oder krebserregende Stoffe und sind extrem basisch (pH-Wert 12 bis 14). Kohle und Asche sind keine Nahrung für Bodenorganismen, sie reichern sich nur im Boden an. Für die Natur sind Kohle und Asche Müll, sie können nicht zu Humus umgebaut werden. Sie können die Umsetzung zu Humus auch nicht beschleunigen, weil die Humusbildung ein biologischer und kein chemischer Prozess ist. Wer trotzdem möchte, kann dem Kompost zur Mineralanreicherung oder Neutralisation geringe Mengen an Holzasche (bis zu 1 kg/m^3) zusetzen, wenn er sie bereits hat.

Über das holzige Material bringen wir wichtige Strukturstoffe zur Bildung von Dauerhumus in den Boden ein. Die Bodenorganismen benötigen sie als Lebensraum.

5
RESTE VON TIEREN
Hornspäne
Hornmehl
Dung
Haare
Nägel
5 cm
5 cm
20 cm
10-15 cm
5-10 cm

Schritt 5: Reste von Tieren

Reste von Tieren können ebenfalls in den Kompost gelangen. Sie sind wertvolle Nährstoffquellen und helfen bei der Heißkompostierung. In Gemeinschaftsprojekten sollten Sie jedoch zuerst abstimmen, ob tierische Reste verwendet werden sollen. Dieser Kompost hat auch ohne sie genug Nähr- und Spurenstoffe. Tierische Reste sind immer auch eine Gefahrenquelle.

ZUTATEN:

- Dung von pflanzenfressenden Tieren
- Haare und Nägel
- Hornspäne oder -mehl

Rinder- und Pferdedung sind als Zugabe besonders beliebt. Hier sollte man sich allerdings im Stall davon überzeugen, wie die Tiere gehalten werden und nachfragen, ob und wann sie Medikamente bekommen haben. Antibiotika oder Wurmmittel hemmen zum Beispiel die Kompostierung. Auch der Mist von eigenen Kleintieren wie Meerschweinchen ist gut geeignet. Allgemein sollten Sie nur den Dung von pflanzenfressenden Tieren kompostieren – und dann dem Kompost auf keinen Fall Kalk zufügen.

Haare und Nägel zu kompostieren, ist unproblematisch. Sehr beliebt sind auch Hornmehl oder Hornspäne als Stickstoffquelle für den Boden. Wenn diese zur Verfügung stehen, sind sie eine wertvolle Bereicherung.

Ich unterstütze die Kompostierung von tierischen Resten und sogar den eigenen Ausscheidungen. Mist und Fäkalien sollten immer kompostiert und niemals frisch zur Düngung verwendet werden, auch aus hygienischen Gründen.

6
GESTEINSMEHLE
NÄHRELEMENTE
SPURENELEMENTE
TON-
MINERALE
Streuen
URGESTEINS-
MEHL
NUR BEI BEDARF
KALK
5 cm
5 cm
20 cm
10-15 cm
5-10 cm

Schritt 6: Gesteinsmehle

Als sechstes Material streuen Sie 2 bis 4 Kilogramm mineralische Zusatzstoffe über die Holzschicht. Das Grundrezept und nähere Informationen zur Zusammensetzung finden Sie in dem Kapitel Materialien. Die für den Boden und Kompost geeigneten Mengen mischen Sie in einem Behälter zusammen und streuen sie über die Holzschicht. Das kann etwas stauben. Auch wenn die Stäube nicht gesundheitsschädlich sind, sollten Sie doch darauf achten, sie nicht einzuatmen.

ZUTATEN:

- Tonminerale (z. B. Bentonit)
- Urgesteinsmehl
- Kalk bei Bedarf (z. B. Muschel- oder Algenkalk)

Urgesteinsmehl und Bentonit können Sie in jedem Gartencenter günstig erwerben und sollten Sie einem Kompost immer zusetzen. Für die Schnellkompostierung ist das Urgesteinsmehl besonders wichtig, weil die Bodenorganismen sich nur dann schnell vermehren können, wenn sie ausreichend mit Nähr- und Spurenstoffen versorgt sind. Nur so kann auch die nötige Hitze entstehen. Kalk sollten Sie nur in Ausnahmefällen zufügen, wenn Sie säurebildende Substanzen wie Zitrusfrüchte, Eichenlaub oder Kaffeesatz in den Kompost einbauen. Wer Eierschalen hat, braucht keinen Kalk zu kaufen.

Urgesteinsmehle enthalten wichtige Nähr- und Spurenelemente für die Pflanzen. Tonminerale sind ein wichtiger Bestandteil für fruchtbare Böden. Kalk neutralisiert organische Säuren wie Zitronen- oder Milchsäure, die sich bereits in den Ausgangsmaterialien befinden oder durch falsches Kompostieren gebildet werden können. Sie hemmen die Kompostierung und Humusbildung. Wer gute und nicht zu saure Ausgangsmaterialien verwendet und seinen Kompost so aufbaut, dass er immer genug Luft bekommt, kann sich den Kalk jedoch auch ganz sparen.

7
KOMPOSTIERBARE, TECHNISCHE PRODUKTE
ungefärbte Pappe
Papier, Eierkartons
unbehandelte
Naturfasern
5 cm
5 cm
20 cm
10–15 cm
5–10 cm

Schritt 7: Kompostierbare, technische Produkte

Bei diesem Schritt können Sie alle Produkte in den Kompost einfügen, von denen Sie meinen, dass sie kompostierbar sind. Sie zerkleinern sie, sodass sie nicht durch das Kompostsieb passen und legen sie vereinzelt auf den Kompost. Dieser Schritt ist auch deshalb spannend, weil Sie testen können, ob Produkte, die als kompostierbar verkauft werden, auch wirklich kompostierbar sind.

ZUTATEN:

- Ungefärbte Pappe, Papier oder Eierkartons
- Unbehandelte Naturfasern und Naturfaserprodukte

Sehr gut kompostierbar sind zum Beispiel ungefärbte Pappe, Papier oder Eierkartons, unbehandelte Pflanzenfasern und Naturfasertextilien wie Hanf, Flachs, Sisal oder Jute. Sie sollten sie allerdings gut wässern, bevor sie in den Kompost kommen. Es ist auch möglich, attraktive und anspruchsvolle Textilien, Baustoffe und technische Werkstoffe so zu gestalten, dass sie vollständig kompostiert werden können und sich positiv auf die Bodenorganismen auswirken. Das beweisen Forschungsergebnisse und erste Produkte, die bereits auf dem Markt sind – und es werden immer mehr. Biologisch abbaubar und kompostierbar ist allerdings nicht dasselbe.

Nicht kompostierbar sind die meisten Farben. Nur Pflanzen-, Lebensmittel- und spezielle Textilfarben sind bisher kompostierbar. Die anderen finden Sie als bunte Farbpunkte im Kompost wieder. Leider sind nicht alle schädlichen Substanzen so gut sichtbar.

Deshalb sollten Sie sich gut informieren, bevor Sie technische Produkte in den Kompost bringen. Um zu wissen, welche sich förderlich auf den Boden auswirken, brauchen Sie biologisches, chemisches und technisches Grundwissen und Experimentierfreude. Ob ein Material kompostierbar ist, sehen Sie erst ein paar Monate später am Kompost. Wenn es nicht abgebaut wurde, war es nicht kompostierbar und bleibt im Sieb zurück.

Wenn Sie sicher gehen möchten, beschränken Sie sich auf die Zugabe von brauner Pappe. Davon gibt es immer mehr und die Regenwürmer lieben sie.

8
ERDE ODER KOMPOST
BODENMIKROORGANISMEN
eigene Gartenerde
fertiger Kompost
Sieb-reste
5 cm
5 cm
20 cm
10–15 cm
5–10 cm

Schritt 8: Erde oder Kompost

Als vorletztes Material streuen Sie etwas von dem bereits fertigen Kompost oder, falls es den noch nicht gibt, etwas Gartenerde auf. An Pflanzenwurzeln haften oft beträchtliche Mengen an Erde. Sie benötigen etwa 2 Kilogramm Kompost oder 4 Kilogramm Gartenerde pro Schicht. Gut geeignet sind auch die Siebreste eines bereits fertigen Komposts. Da sich die Hitze langsam entwickelt, können alle Tiere, die noch in der Erde oder im Kompost enthalten sind und nicht so gut mit ihr zurechtkommen, rechtzeitig fliehen. Sie kehren zurück, wenn der Komposthaufen wieder abgekühlt ist. Bodenbakterien und -pilze kommen mit der Hitze sehr gut zurecht.

ZUTATEN:

- Gartenerde aus dem Garten
- Fertiger Kompost oder Siebreste

Nicht geeignet sind Gartenerde oder Kompost aus Plastiksäcken. Diese Produkte wurden so stark erhitzt, dass sie überhaupt keine Lebewesen mehr enthalten. Sie würden im Plastiksack ersticken oder Gase bilden, die ihn platzen lassen. In der Erde oder dem Kompost aus dem Garten ist hingegen genau die Vielfalt an Lebewesen enthalten, die für diesen Standort typisch ist. Diese kann sich dann im Komposthaufen entwickeln und vermehren. Die Erde oder der Kompost sind also das Impfmaterial für den neuen Kompost.

Gartenerde oder Kompost aus dem eigenen Garten enthält bereits alle Bodenmikroorganismen, die Sie für den neuen Komposthaufen brauchen, um die Garten- und Küchenreste schnell abzubauen und die erforderliche Hitze zu entwickeln. Sie sind optimal an den Standort angepasst und müssen nicht gekauft werden.

9
KRÄUTEREXTRAKT
Kräutermischung und Regenwasser
5 cm
5 cm
20 cm
10 - 15 cm
5 - 10 cm

Schritt 9: Kräuterextrakt

Das Sahnehäubchen für unseren Kompost bildet ein Extrakt aus Wildkräutern. Diese Kräuter können Sie auch gut im Garten anbauen und sie wirken sich positiv auf die Kompostierung aus. Für 1 Kubikmeter Kompost benötigen Sie 1 Gramm der getrockneten Kräutermischung. Wie Sie die Kräutermischung selbst herstellen können, wird in dem Kapitel Materialien genau beschrieben. Das Pflanzenpulver schlämmen Sie einen Tag, bevor Sie den Kompost aufbauen, in Wasser auf und lassen es über Nacht stehen. Am besten, Sie benutzen dafür Regenwasser und eine Glasflasche. Eine Plastikflasche, die Sie immer wieder verwenden, geht auch.

ZUTATEN:

- Baldrian
- Brennnessel
- Kamille
- Löwenzahn
- Schafgabe
- Eichenrinde
- Honig

Der Kräuterextrakt wird fein auf der Erdschicht verteilt. Dazu bohren Sie den Zeigefinger in die Flaschenöffnung und spritzen ein Fünftel der Flüssigkeit über die letzte Schicht. Die positive Wirkung der Mischung wurde vielfach bestätigt: Die Kompostierung verläuft schneller und besser.

Der fertige Komposthaufen

Wenn Sie diese neun Schritte mehrmals durchlaufen, das letzte Material gießen, bis es überall feucht ist, und es mit den anderen Materialien dieser Schicht gut vermischen, liegt am Ende der Komposthaufen locker und stabil vor Ihnen. Bei einer Höhe von 1 bis 1,5 Metern sind Sie am Ziel angekommen. Nun wird der fertige Komposthaufen mit Erde aus dem Garten rundherum bestreut und mit den Dämmstoffen eingepackt. Insgesamt sollte die Dämmschicht

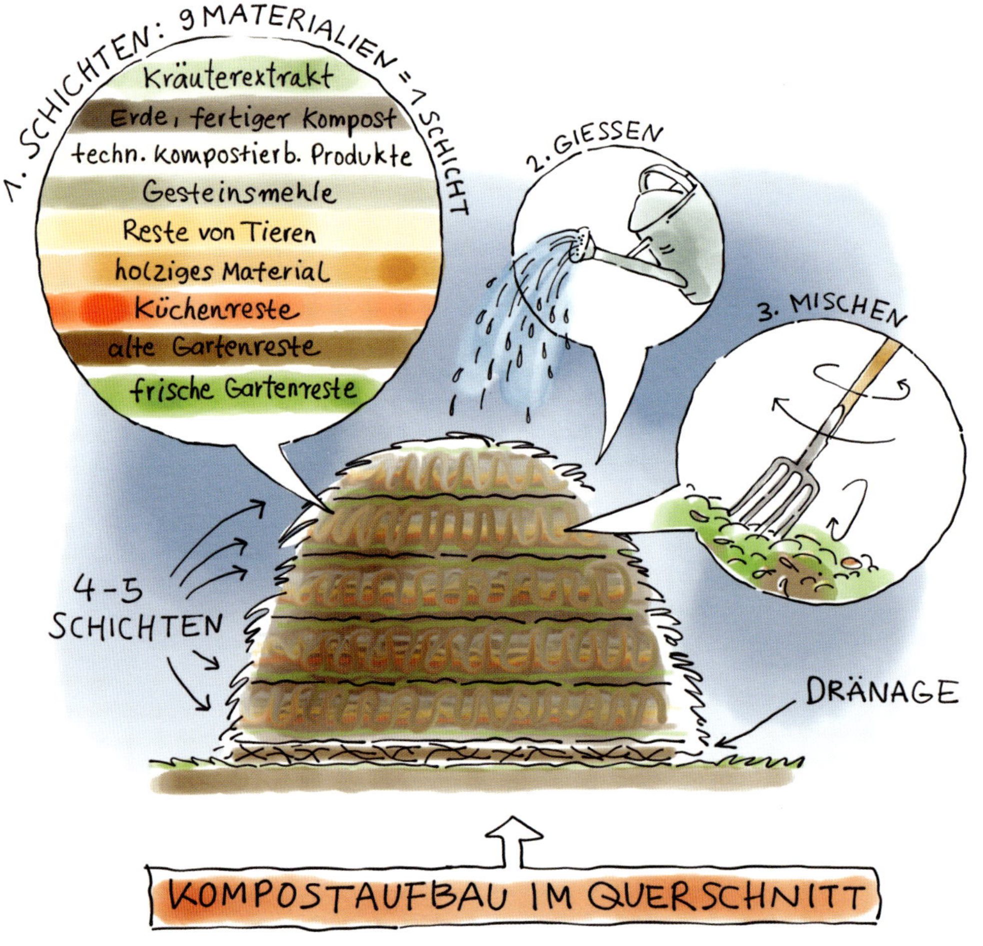

aus Erde und Dämmmaterial mindestens 1 Zentimeter dick sein und lückenlos über den ganzen Komposthaufen verteilt werden.

Wenn Sie möchten, können Sie auch noch eine Gartenplane darüber breiten und sie mit Heringen im Boden befestigen. Dabei müssen Sie allerdings darauf achten, dass von unten genug Luft an den Komposthaufen gelangt. Die Gartenfolie sollte einen Abstand von mindestens 5 Zentimetern zum Boden haben.

Spätestens nach zwei Tagen ist der Kompost heiß. Die Hitze entsteht allein durch die Aktivität der enthaltenen Mikroorganismen, die organische Substanz schnell abbauen und sich explosionsartig vermehren.

Ein Heißkompost sollte zwischen 60 und 70 °C haben.

Sie bilden die Nahrungsgrundlage für die boden- und humusbildenden Bodentiere, die in den Komposthaufen einziehen werden. Um die Temperatur im Kompost festzustellen, entfernen Sie die Plane und die Dämmmaterialien an einer Stelle und stecken ein Thermometer circa 10 Zentimeter tief in den Komposthaufen.

Wenn der Kompost nach zwei Tagen in einer Tiefe von 10 Zentimetern nicht die Temperatur von 60 °C erreicht, liegt das meist an der fehlenden Feuchtigkeit. Dann sollten Sie den Kompost überall noch einmal gießen und durchmischen. Es ist aber wichtig, dass er nicht heißer als 70 °C wird. Wenn er feucht genug ist, wird das nicht passieren.

Ein gut belüfteter Heißkompost riecht so gut wie nicht. Wenn überhaupt, macht sich ein leicht muffiger Geruch während der Heißrotte bemerkbar, der aber danach sofort verschwunden ist. Wir bauen den Kompost so auf, dass er an jeder Stelle und während des ganzen Kompostierungsprozesses genug Luft bekommt. So können keine übelriechenden, giftigen oder brennbaren Gase entstehen. In einem Komposthaufen über 1 Meter Länge empfehle ich, alle Meter einen dicken Ast bis zum Boden in den Kompost zu stecken oder mit einer Stange ein Loch hineinzustechen, damit er besser belüftet werden kann.

Durch die Aktivität der Mikroorganismen steigt die Temperatur im Komposthaufen stark an.

Sollte der Kompost doch einmal stechend, sauer oder faulig riechen, dann bekommt er nicht genug Luft. Typisch dafür ist der stechenden Geruch nach Ammoniak, faulen Eiern beim Schwefelwasserstoff oder Sauerkraut. Werden Säuren produziert, gerät auch der pH-Wert des Bodens aus dem Gleichgewicht. In sauren Böden werden gebundene Schadstoffe wie Schwermetalle wieder pflanzenverfügbar. Säuren und Schwermetalle schaden auch den Bodenorganismen. Und im schlimmsten Fall kann sich der Kompost entzünden, denn es können auch brennbare Gase entstehen, die geruchlos sind. Deshalb sollten Garten- oder Küchenreste, die zur Verdichtung neigen, wie frischer Rasenschnitt oder gehäckseltes Laub, nur in kleinen Mengen auf den Kompost gelangen. Ein lockerer Aufbau eines Komposts gewährleistet eine ausreichende Luftzufuhr. Mir ist es noch nie passiert, dass mein Heißkompost zu wenig Luft hatte.

Ein Heißkompost riecht auch viel weniger als ein herkömmlicher, richtig aufgebauter Kompost und zieht kein Ungeziefer an. Durch die Zersetzung und Speicherung der Abbauprodukte in den Mikroorganismen sind die Küchenreste für Mäuse oder Ratten nicht mehr interessant. Dafür sind sie aber ein umso größerer Leckerbissen für die Bodentiere. Der Kompost kann frei und ohne weitere Schutzmaßnahmen im Garten lagern, bis er fertig ist.

Ein Heißkompost benötigt kaum Pflege

Nach drei bis acht Tagen Heißrotte werden die Dämmstoffe entfernt und getrocknet. Eine gute Heißrotte lässt sich daran erkennen, dass der Kompost bereits von weißen Pilzen durchzogen ist. Weiße Pilzhyphen sind kein Schimmel. Bodenpilze erfüllen eine wichtige Funktion bei der Heißrotte und halten den Temperaturen gut stand.

Nach der Heißrotte kann der Kompost ohne weitere Schutzmaßnahme im Garten verbleiben, bis er fertig ist.

Sie breiten eine Stroh- oder Schilfrohrmatte über den Komposthaufen und decken wieder die Gartenfolie darüber.

Die Strohmatte gewährleistet, dass unter der Gartenfolie genug Luft an den Kompost kommt. Nun kann der Komposthaufen abkühlen und größere Bodentiere ziehen ein, um mit der Humusbildung zu beginnen.

Ab diesem Moment benötigt ein Heißkompost fast keine Pflege mehr. Sie brauchen nur mehr von Zeit zu Zeit kontrollieren, ob er noch feucht genug ist oder komisch riecht. Wenn Sie alles richtig gemacht haben, bleibt er feucht und riecht überhaupt nicht. Durch die Hitze wurden alle Materialien soweit verändert, dass sie für Ungeziefer nicht mehr interessant sind.

Ein Heißkompost muss und soll auch nicht umgesetzt werden. Das spart viel Zeit und harte, unerfreuliche Arbeit. Es ist besser, sich beim Aufbau des Komposthaufens etwas mehr Mühe zu geben und ihn wie beschrieben locker und stabil aufzubauen. Natürlich verliert auch ein gut aufgebauter Kompost mit zunehmender Verdichtung und Humusbildung an Volumen, aber nicht an Masse – und wenn nur in Form von vielen Regenwürmern, die sich im Rest des Gartens herumtreiben. Dass der Schnellkompost nicht umgesetzt werden muss, hat auch den Vorteil, dass wir die sensiblen Gleichgewichte zwischen den Bodenorganismen nicht stören.

Sollte sich der Kompost dennoch zu stark verdichten und sauer, stechend oder faulig riechen, müssen Sie ihn umsetzen, damit er neu belüftet werden kann.

Das Einzige, was beim Heißkompost an Pflege anfällt, ist das Gießen während langer Trockenperioden und die Vorbereitung auf den Winter. Damit die Bodentiere ihre Arbeit auch in der kalten Jahreszeit verrichten können, darf der Komposthaufen nicht durchfrieren. Ich verpacke ihn vor dem ersten Frost mit einer dicken Schicht Laub, über die ich noch eine alte Decke breite. Selbstverständlich können auch wieder die Dämmstoffe zum Einsatz kommen. Danach lege ich die Strohmatte und die Gartenfolie darüber und befestige sie mit den Heringen. So kann der Kompost geschützt unter dem Schnee hervorragend überwintern.

So ist der Kompost gut für den Winter gewappnet, damit pünktlich zum Frühjahr die frische Gartenerde fertig ist. Je sorgfältiger wir unseren Komposthaufen aufbauen, umso weniger Pflege benötigt er. Während ein herkömmlicher Kompost ständig mit Materialien versorgt, gegossen und mehrmals umgesetzt werden muss, lässt man einen Heißkompost am besten in Ruhe. Wichtig

Vor dem Winter wird der Kompost vor der Kälte geschützt.

ist nur, dass er nicht zu feucht oder feucht genug ist und nicht durchfriert. Die optimale Feuchtigkeit für einen Kompost ist die eines ausgedrückten Schwamms. Sobald Sie die günstigen Rahmenbedingungen geschaffen haben, müssen Sie nur mehr darauf achten, dass sie erhalten bleiben, bis der Kompost ein paar Monate später erntereif ist.

Mit dem Kressetest können Sie feststellen, wann der Kompost fertig ist. Sie nehmen etwas von der frischen Gartenerde und füllen sie in einen Blumentopf. Dann streuen Sie abgezählte 100 Kressesamen in den Topf, drücken sie etwas in die Erde und gießen die nächsten Tage gut. Keimen alle Samen und bleiben auch die nächsten acht Tage grün bis dunkelgrün, ist der Kompost fertig. Werden die Blätter gelb bis braun, müssen Sie noch etwas warten.

Mit dem Kressetest können Sie herausfinden, ob der Kompost schon fertig ist.

Der Kompost ist fertig und kann ausgebracht werden

Es gibt viele unterschiedlichen Meinungen, wann im Jahr ein Kompost ausgebracht werden sollte. Da dieser Heißkompost nährstoff- und strukturreich ist, empfehle ich, ihn erst ein paar Wochen nach der Aussaat im Frühjahr auszubringen. Dann haben die Jungpflanzen bereits ihre Wurzeln ausgebildet und können die Nähr- und Spurenstoffe gut aufnehmen. Der Kompost kann gesiebt werden oder nicht – das ist Geschmackssache und auch abhängig von der Kultur. Zum Sieben eignet sich ein gängiges Durchwurfsieb.

Pro Quadratmeter reichen im Schnitt 2 Liter pro Jahr – 1 Liter für Kulturen, die wenige Nährstoffe brauchen – die Schwachzehrer – und 3 Liter für Kulturen mit hohem Nährstoffbedarf – die Starkzehrer. Für den Humusaufbau und die Bildung von dauerhaften Humusformen benötigen Sie allerdings mehr Kompost. Kompost kann man nie zu viel haben.

Nach drei – über den Winter nach sechs – Monaten kann der Kompost gesiebt und ausgebracht werden.

Um guten Kompost herzustellen, benötigen Sie insgesamt nur einen Tag Arbeit. Allein aus den jährlich anfallenden Küchenresten, können Sie Kompost für circa 100 bis 200 Quadratmeter Boden im Jahr herstellen. Kommen dann noch die Reste vom Garten, Feld oder Markt hinzu, kann eine Person mit vier Tagen Arbeit eine Fläche von bis zu 1 000 Quadratmetern mit bestem Kompost versorgen.

Was theoretisch vielleicht etwas kompliziert klingt, ist in der Praxis ganz einfach. Wenn Sie einen Heißkompost wie hier beschrieben aufbauen und gut beobachten, werden Sie schnell verstehen, worauf es bei der Kompostierung ankommt. Es ist nicht notwendig, jeden Prozess im Detail zu kennen und kontrollieren zu können, um die richtige Entwicklung einzuleiten und aufrechtzuerhalten.

Stimmen die Rahmenbedingungen, laufen die richtigen Prozesse ganz von selbst ab!

What's the matter?

Humus ist das Produkt lebendiger Prozesse. Nur eine große Vielfalt an Bodenorganismen schafft fruchtbaren Boden. Und wir schaffen die Rahmenbedingungen dafür

Natürlich gewachsener Boden ist das Produkt von Jahrmillionen.

Humusarten und Humusverbindungen

Wenn wir von fruchtbaren Böden sprechen, ist eine sehr dünne Haut an der Oberfläche der Erde gemeint. Sie wurde im Laufe von Jahrmillionen durch das Zusammenspiel von Pflanzen und Bodentieren zwischen dem Gestein und der Luft aufgebaut. So konnte das Kohlendioxid aus der Luft als Humus im Boden gespeichert werden und die Temperaturen sanken. Spezielle Bodenorganismen – die meisten von ihnen unbekannt – haben den Humus mit dem darunter liegenden Gestein vermischt und einen neuen Lebensraum aufgebaut: den Humusboden. Er und die moderaten Temperaturen heute bildeten die Grundlage für die Menschen und ihre heutige Agrar- und Ernährungskultur.

Die Organismen im Boden bauen tote organische Substanz ständig auf und ab und bilden daraus wieder lebendige Substanz. Unsere organischen Reste werden also nicht abgebaut, sondern verbleiben im Boden: in Form vieler verschiedener Lebewesen, von denen wir die meisten noch nicht einmal kennen. Vermischt mit dem verwitterten Gestein darunter bilden sie den Humusboden.

Wenn wir dem Boden keine organische Substanz mehr zuführen, weil wir sie verbrennen – in Form von Biogas, Biokraft- oder Biokunststoffen –, entziehen wir dem Boden ständig Nähr- und Spurenstoffe. Diese können durch das darunter liegende Gestein in dieser kurzen Zeit nicht nachgeliefert werden. Die Pflanzen greifen auch die dauerhaften Humusformen an und es kommt zu Humusverlusten.

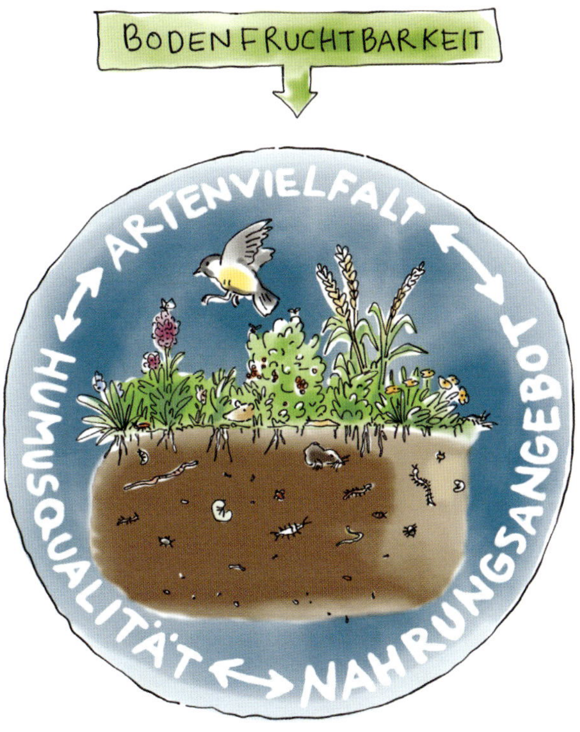

Ob ein Boden fruchtbar bleibt, hängt von dem Zusammenspiel zwischen Nahrungsangebot, Artenvielfalt und Humusqualität ab.

Der Anbau von Gründüngern oder Zwischenfrüchten kann diese Gesamtverluste nicht ausgleichen. Er kann nur die Konzentration einzelner Stoffe, wie Stickstoff oder leicht verfügbarem Nährhumus, für kurze Zeit erhöhen. Mit der Abnahme der Gesamtkonzentration an Nähr- und Spurenstoffen und des Dauerhumus nimmt auch die Anzahl und Vielfalt an Bodenorganismen ab. Er wird unfruchtbar. Ein Boden ohne Humus und die Lebewesen, die ihn produzieren, ist Wüste. Und in einer Wüste wächst nichts mehr. Mit viel technischem Aufwand kann auch auf toten Böden noch etwas wachsen. Doch das ist ein Teufelskreis, denn je mehr Mineraldünger, schwere Maschinen und Pflanzen- und Insektenvertilgungsmittel eingesetzt werden, umso geringer wird die biologische Vielfalt und in der Folge der Humusgehalt in den Böden.

Seit den 70er-Jahren ist die Hälfte aller bekannten Tier- und Pflanzenarten ausgestorben. Diese Entwicklung hat sich im letzten Jahrzehnt dramatisch beschleunigt. Den Verlust an uns nicht bekannten Arten, können wir nicht beziffern. Die meisten von ihnen leben im Boden.

Bodenkrümel und Humusverbindungen

Fruchtbare Böden hingegen zeichnen sich durch ein reges Bodenleben, eine große Artenvielfalt, viele verschiedene Humusformen und Humusverbindungen und eine krümelige Struktur aus.

Ein Bodenkrümel ist ein Konglomerat aus toten und lebendigen Strukturen. Er bildet den Lebensraum für Pflanzen und Tiere und speichert Luft, Wasser, Nähr- und Spurenstoffe wie ein Schwamm. Ein fruchtbarer Boden besteht zur Hälfte aus Poren. Die großen speichern die Luft, die kleinen das Wasser und halten es gegen die Schwerkraft fest. Die andere Hälfte besteht aus organischen Stoffen – auch Huminstoffe genannt – und mineralischen Bestandteilen wie Ton oder Sand. In den Zwischenräumen leben Bakterien, Pilze und höhere Bodentiere. Sie bilden die für die Stabilität des Bodens so wichtigen Ton-Humus-Komplexe.

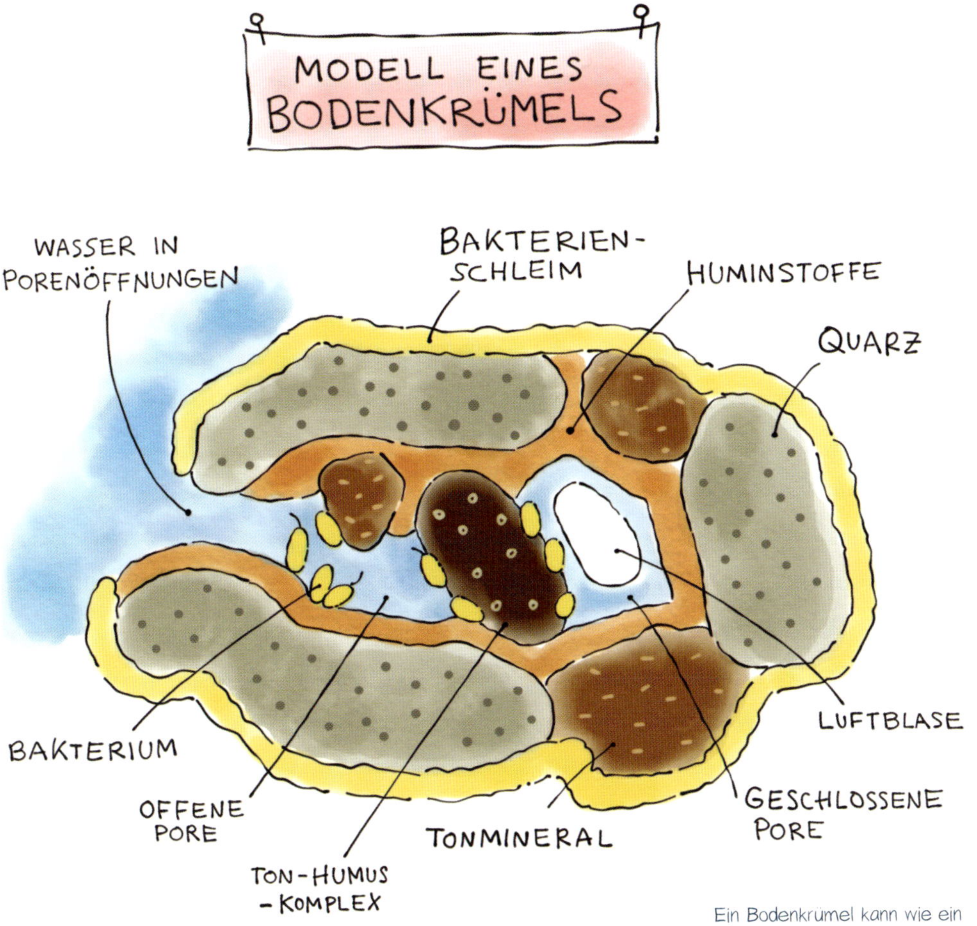

Ein Bodenkrümel kann wie ein Schwamm Wasser und Luft gleichzeitig speichern und bildet den Lebensraum für viele Mikroorganismen.

Ton-Humus-Komplexe sind Verbindungen von organischen mit anorganischen Substanzen, die eine riesige Oberfläche besitzen und deshalb die Nähr- und Spurenstoffe sehr gut im Boden speichern können. So werden unsere Pflanzen auch in schwierigen Zeiten immer gut mit Wasser und Nährstoffen versorgt – und zwar nur dann, wenn sie das Wasser und die Nährstoffe wirklich benötigen.

» TON-HUMUS-KOMPLEXE

Ton-Humus-Komplexe entstehen im Darm der Bodentiere aus der engen Verbindung von Mikroorganismen, organischen und mineralischen Komponenten und können durch ihre große Oberfläche Wasser, Nähr- und Spurenstoffe sehr gut speichern. Sie sind wichtig für die Ausbildung der für fruchtbare Böden charakteristischen Krümelstruktur.

Je tiefer die lockere Krümelstruktur reicht, umso fruchtbarer ist der Boden. Es lohnt sich also, mit dem Spaten in den Boden zu graben und nachzuschauen, wie tief er durchwurzelt ist.

Ein verdichteter Boden kann weder Luft, noch Wasser und Nährstoffe speichern. Er bietet keinen Lebensraum für die Pflanzen und Tiere mehr. Deshalb wächst auch auf großen Grünflächen in der Stadt kaum mehr etwas. In der Bodenkunde sagt man, der Boden hat keine Struktur mehr.

Ein Boden mit guter Struktur lässt sich also auch von oben gut erkennen. Je besser Pflanzen auf ihm wachsen können, umso fruchtbarer ist der Boden. Er trocknet, wenn überhaupt, nur oberflächlich aus und fühlt sich locker und luftig an. In 1 bis 2 Zentimetern Tiefe bleibt er auch bei längeren Trockenperioden feucht und riecht gut nach Wald. Bei Starkregen oder Hochwasser wird das Wasser schnell über die groben Poren nach unten abgeleitet. Es entstehen keine

Auf verdichteten Böden zwischen den Hochbeeten wächst nichts mehr – trotz großem Samenangebot und guter Pflege.

Pfützen oder Überflutungen und die Nährstoffe werden nicht gelöst und ins Grundwasser gespült. Auch auf abschüssigem Gelände kommt es zu keinen Boden- und Humusverlusten mehr.

Dauer- und Nährhumus

Es ist allerdings wichtig, zwischen zwei Humusarten im Boden zu unterscheiden: dem Dauer- und dem Nährhumus.

Der Nährhumus besteht aus einfachen organischen Verbindungen, die von den Mikroorganismen schnell abgebaut werden können – Eiweiße, Fette, Stärke und Zucker zum Beispiel. Das ist der Teil des Humus, den – wenn überhaupt – alle betrachten. Als leicht verfügbare Energie- und Nährstoffquelle ist er Fast Food für die Mikroorganismen und Pflanzen.

Viel wichtiger für den Erhalt der Fruchtbarkeit ist der Dauerhumus im Boden. Die Bodentiere bauen ihn aus Zellulosen, Hölzern, Wachsen oder Ligninen zu hochmolekularen Gebilden auf. Wichtige Nähr- und Spurenstoffe sind bereits im Humus selbst gespeichert. Aber viel wichtiger ist noch, dass alle Stoffe sich über ihre Ladungen hervorragend an diese Strukturen anheften können und so pflanzenverfügbar im Boden verbleiben. Ein verdichteter Boden ohne Dauerhumus kann auch keine Nährstoffe speichern.

» NÄHRHUMUS UND DAUERHUMUS

Nährhumus sind schnell abbaubare, niedermolekulare organische Stoffe, die von den Pflanzen direkt aufgenommen werden können. Dauerhumus sind schwer zersetzbare, hochmolekulare organische Stoffe, die die Struktur und den Nährstoffspeicher des Bodens darstellen.

Bei einer chemischen Humusanalyse wird nicht zwischen Nähr- und Dauerhumus unterschieden. Die Bildung von Dauerhumus ist die Voraussetzung dafür, dass Wasser, Nähr- und Spurenstoffe überhaupt im Boden gespeichert werden können. Wird er nicht gebildet, werden alle Stoffe, die wir in Form von schnell verfügbaren Düngern – auch den organischen – auf und in den Boden bringen, wieder im Grundwasser und in der Folge in unseren Flüssen und Meeren landen und sie verunreinigen.

Wird Dauerhumus nicht ständig neu gebildet, gehen alle löslichen, nicht gespeicherten Nähr- und Spurenstoffe beim nächsten Regenguss verloren. Benötigt die Pflanze danach Nährstoffe für ihr Wachstum, muss sie dennoch auf die noch vorhandenen Dauerhumusreserven zurückgreifen und diese werden weiter abgebaut. Es kommt mit der Zeit zu Humusabbau und Humusverlusten. Der Boden ist nicht mehr schön braun und saftig, sondern grau und fahl. Er hat seine Fruchtbarkeit verloren. Nur wenn beides immer wieder neu entstehen kann: Dauerhumus als Speicher und Lebensraum und Nährhumus als Nahrungsquelle für Tiere und Pflanzen, kann auch auf Dauer etwas auf unseren Feldern und in unseren Gärten wachsen.

Der Kompost, den wir herstellen, enthält beides: Dauerhumus und Nährhumus. Eine wie in dieser Anleitung beschriebene Zusammensetzung des Kompostes gewährleistet ein optimales Verhältnis von Dauer- und Nährhumus.

Humusgehalt

Nicht nur die Mächtigkeit des Humusbodens und die verschiedenen Humusarten und -formen sind für die Fruchtbarkeit eines Bodens entscheidend, sondern auch deren Humusgehalt. Wie dick der Humusboden ist und wie viel Dauerhumus oder Nährhumus, lebendige und tote Tiere- oder Pflanzen(teile) er enthält, lässt sich wie gesagt chemisch nicht bestimmen. Das kann nur vor Ort im Garten oder auf dem Land geschehen.

Nur im Profil kann beispielsweise bestimmt werden, wie mächtig die Humusschicht ist, ob es Bodenverdichtungen gibt, wie gut der Boden durchwurzelt werden kann und wie viele Bodentiere ungefähr in ihm leben. Erst wenn ich das weiß, macht eine chemische Bodenanalyse überhaupt Sinn. Denn was mit der chemischen Humusanalyse bestimmt wird, ist der Gesamtgehalt an organischer Substanz in einer ausgewählten Bodenprobe: also ihr Gehalt an Humus und Lebewesen insgesamt, ohne zu unterscheiden, um ob es sich um tote oder lebendige, dauerhafte oder schnell abbaubare Verbindungen handelt. Zugesetzte Kohle oder

Ein Blick auf das Bodenprofil sagt viel mehr über einen Boden aus als eine chemische Humus-analyse.

Organismen, die eigentlich nicht in den Boden gehören, erhöhen den Humusgehalt künstlich. Wenn der Humusgehalt in unseren Böden überhaupt untersucht wird und bekannt ist, liegen die Angaben meistens zu hoch.

Es wird gesagt, ein Gartenboden mit einem Humusgehalt von über vier Prozent benötigt keine organischen Dünger oder Schädlingsbekämpfungsmittel mehr. Er braucht nur Kompost, um die von den Pflanzen aufgenommenen Nähr- und Spurenstoffe wieder in den Boden zurückzuführen. In deutschen Ackerböden liegt der gemessene Humusgehalt mittlerweile bei ein bis zwei Prozent, rund um Berlin sogar bereits unter einem Prozent. Hier muss dringend gehandelt und Humus wieder aufgebaut werden! Unter natürlichen Bedigungen dauert es in Mitteleuropa ungefähr 250 Jahre, bis ein Zentimeter Boden neu gebildet wird. Wenn wir selbst Kompost machen, geht das viel schneller.

Ein Drittel der Erdoberfläche ist bereits Wüste. Und sie breitet sich rasant aus. Viele der Äcker, aber auch mancher Gartenboden, können bereits als Wüsten bezeichnet werden. Sie enthalten kaum mehr Bodenleben und Humus, weil wir ihnen über die Ernte laufend Nähr- und Rohstoffe entziehen. Die Pflanzen- und Insektenvertilgungsmittel geben ihnen dann den Rest.

Millionen Gärtner irren nicht!

Die meisten Gärtner wissen, wie wichtig Kompost ist und stellen ihn selbst her. Wer sich dafür interessiert, kann in den Gärten auf der ganzen Welt viele verschiedene Kompostformen bewundern, die mit viel Wissen und Liebe aufgebaut und betreut werden.

Diese Gärtner sorgen dafür, dass es überhaupt noch Leben in den Böden gibt. Die biologische Kompostierung ist etwas, das bisher nur im Privaten stattfinden darf. Deshalb wird diese Arbeit bisher weder anerkannt noch bezahlt. Doch die biologische Kompostierung ist auch wirtschaftlich interessant.

Nur über die biologische Kompostierung sind wir in der Lage, den Humusboden so zu erhalten, dass alle Menschen dauerhaft ernährt werden können. Deshalb bezeichnen wir Gärtner den Kompost auch als Gold des Gartens. Guter Kompost ist viel mehr als ein Dünger. Er ist Speicher für Nährstoffe und Wasser und Lebensraum für viele verschiedene Pflanzen und Tiere, die dafür sorgen, dass unsere Böden fruchtbar bleiben. Sein wahrer Wert kann bisher nur grob geschätzt werden. Wer selbst kompostiert, muss weniger gießen, düngen und Schädlinge bekämpfen. Der Garten bleibt schön und gesund. Zudem tut Kompostieren nicht nur unserem Boden, sondern auch der Umwelt und dem Klima gut. Nur über die Kompostierung kann Kohlendioxid in Form von Humus wieder im Boden gespeichert werden.

Kompost ist kein totes, technisches, sondern ein lebendiges, sozial-ökologisches Produkt. Von ihm hängt unser ganzes Leben in und auf der Erde ab.

Life matters!

Herkömmlicher Kompost mit Kürbis bepflanzt.

Transformation

Die Vielfalt im Komposthaufen entscheidet über die Qualität des Komposts. Wenn in der Bodenkunde von Auf- und Abbauprozessen gesprochen wird, dann stehen dahinter immer Lebewesen, die die Umwandlung von Biomasse in Humus bewerkstelligen. Wir sehen sie uns einmal genauer an.

Umwandlung und Umformung

Mit dem Sammeln der geeigneten Kompostmaterialien und ihrem Aufbau zu einem Heißkompost in der richtigen Zusammensetzung und Dimension auf natürlich gewachsenem Boden haben wir bereits die Voraussetzungen dafür geschaffen, dass die Bodenorganismen optimal arbeiten können. Nun kann die Transformation in die richtige Richtung beginnen.

Eine Voraussetzung für die biologische Kompostierung ist, dass der ungehinderte Zugang aller Bodentiere zum Komposthaufen gewährleistet ist.

Bedchleunigte Transformation: der Heißkompost im Garten.

Unsere Aufgabe besteht nur darin, die geeigneten Rahmenbedingungen dafür zu schaffen, dass diese natürlichen Prozesse auch ungehindert ablaufen können. Auch wenn wir nicht alles bis ins letzte Detail kennen und verstehen, können wir darauf vertrauen, dass unter den richtigen Rahmenbedingungen auch die richtigen Produkte entstehen.

Es ist nicht schwierig, die geeigneten Rahmenbedingungen für eine lebendige Transformation zu schaffen. Das wird jeder verstehen, der einen Komposthaufen in der vorher beschriebenen Form aufbaut und seine Umwandlung in Kompost beobachtet. Was in einer Beschreibung wie dieser manchmal komplex anmutet, ist bei der Umsetzung in die Praxis keineswegs so kompliziert. Auch unter den größten Forschungsanstrengungen wird es nicht gelingen, alle Prozesse im Einzelnen und die an ihnen beteiligten Organismen und ihre Funktion bei der Humusbildung

» TRANSFORMATION

Unter Transformation wird ganz allgemein eine Umwandlung und Umformung verstanden, ohne dass Stoffe mobilisiert und in andere Bereiche verlagert werden. Auf die Kompostierung übertragen bedeutet das die Umwandlung und Umformung von Biomasse zu Humus, ohne sie über die Vergärung, Verbrennung oder Verflüssigung in die Gewässer oder in die Luft zu verlagern.

Nur der ungehinderte Zugang aller Bodentiere zum Komposthaufen gewährleistet eine Transformation in die richtige Richtung.

zu verstehen. Das fördert auch nicht unbedingt das Gesamtverständnis für komplexe Prozesse. Wenn wir erst aktiv werden, wenn wir alles bis ins letzte Detail verstanden haben und erklären können, wird es zu spät sein, denn die meisten der Bodenorganismen und ihre Funktion in den Böden sind bisher unbekannt. Wenn wir nur das tun, was wir untersuchen und kontrollieren können, und nicht bereit sind, uns überraschen zu lassen, werden wir die natürlichen Prozesse durch falsches Eingreifen weiter aus dem Gleichgewicht bringen. Was wir aber sehr wohl verstehen und kontrollieren können, sind die Rahmenbedingungen, unter denen Transformationen in die gewünschte Richtung ablaufen können. Vorausgesetzt, wir können Vielfalt zulassen.

Wir wissen, dass ein Boden umso strukturreicher und fruchtbarer ist, je mehr Lebewesen sich absolut und je mehr verschiedene Arten sich in ihm befinden. Bodenorganismen haben es gern feucht und dunkel. Sie brauchen Nahrung und Sauerstoff zum Atmen. Nur dann können sie sich vermehren und Stoffe in ihren Körpern und im Boden binden. Viel mehr brauchen wir eigentlich nicht zu wissen, um für gute Rahmenbedingungen zu sorgen.

Die Bodenbildung selbst ist ein Prozess, der sich sukzessive, also etappenweise vollzieht: Zuerst bauen die Mikroorganismen und Pilze die Garten- und Küchenreste ab und bilden gleichzeitig die Nahrungsgrundlage für größere Bodentiere wie Springschwänze, Insektenlarven oder Regenwürmer, um nur einige Bekannte zu nennen. Diese ernähren sich von den Mikroorganismen und ihren Abbauprodukten und bauen sie zu Humus und stabilen Humusverbindungen um.

Bodenbakterien unter dem Mikroskop: Hier tut sich ein neuer Mikrokosmos auf.

Die Transformation unserer „Bioabfälle" zu frischer Gartenerde können Sie sich – stark vereinfacht – so vorstellen:

- Als erstes werden die Bodenbakterien aktiv. Sie vermehren sich, bauen die Garten- und Küchenreste ab. Durch den Abbau wird Energie beziehungsweise Wärme frei. Deshalb erhitzt sich der Komposthaufen und die Ausgangsmaterialien werden abgebaut. Krankheitserreger und Unkrautsamen werden unschädlich gemacht und organische Schadstoffe wie Medikamente, Konservierungs- oder Pflanzenschutzmittel abgebaut. Hierfür ist mindestens eine Temperatur von 60 bis 70 °C nötig. Mikroorganismen kommen mit diesen Temperaturen sehr gut zurecht – auch die Pilze. Um zu verhindern, dass es durch den schnellen Abbau zu Sauerstoffengpässen kommt, müssen Sie den Komposthaufen von allen Seiten gut belüften. Nach drei bis acht Tagen sollten Sie die Heißrotte beenden.
- Parallel zu den Bakterien entwickeln sich die Pilze und Algen. Sie nehmen die beim bakteriellen Abbau entstehenden Stoffe wie Kohlendioxid oder Ammoniak direkt auf und wandeln sie in Biomasse und organische Stickstoffverbindungen um. Ist zu wenig Luft verfügbar, findet diese Umwandlung nicht statt. Ammoniak, Kohlendioxid und organische Säuren treten aus dem Komposthaufen aus und verschmutzen das Grundwasser und die Atmosphäre. Die Pilze und Algen bremsen die Vermehrung der Bakterien und die ersten Springschwänze ziehen in den Kompost ein. Humussäuren entstehen als organische Vorstufe zum Humus. Der Komposthaufen kühlt ab. Diese Phase dauert ein bis vier Wochen.

Algen können sogar entstehendes Kohlendioxid wieder im Boden speichern.

Die meisten Springschwänze ernähren sich von zerfallenden pflanzlichen Stoffen, Exkrementen oder Aas. Es gibt aber auch Spezialisten, die nur Algen, Pilze und Pollen fressen oder Mikroorganismen abweiden.

- Mit der Abnahme der Temperatur können die ersten Kleintiere vom Boden in den Komposthaufen einziehen, beispielsweise Milben, Asseln, Tausendfüßer, Käfer und noch mehr Springschwänze. Immer mehr Arten strömen zu dieser leckeren Nahrungsquelle, zerkleinern die Pflanzenreste und fressen die Pilze, Bakterien und Algen. Diese Phase dauert ein bis vier Monate. Auch die ungeliebten Schnecken laben sich gern an der leichtverfügbaren Nahrungsquelle, lassen dafür aber Obst und Gemüse in Ruhe. Ihre Eier können Sie dann einfach im Komposthaufen einsammeln, denn sie sind gut sichtbar. Während dieser Phase ist eine Vielzahl unterschiedlicher Kriech- und Krabbeltiere im Komposthaufen zu beobachten. Wie viele Tiere es sind, hängt vom Nahrungsangebot ab. In industriellen Kompostieranlagen gibt es diese Etappe der Transformation nicht mehr. Der Kontakt zum natürlichen, gewachsenen Boden wird in technischen Anlagen unterbunden.
- Erst auf dieser Grundlage und nach Ablauf der vorhergehenden Phasen können die spezialisierten Humusbildner den biologischen Stoffkreislauf schließen. Dazu zählen neben den Nematoden auch die allseits beliebten Regenwürmer, Kompostwürmer und verschiedene Insektenlarven wie die Larven des seltenen Hirschkäfers. In ihren durchscheinenden Leibern lässt sich gut beobachten, wie sie die organischen Reste, Mikroorganismen und Bodenmineralien aufnehmen und in ihrem Darm zu Humus und Humusverbindungen umwandeln.

Bodenorganismen ernähren sich nicht von frischen, sondern von abgestorbenen Pflanzen, und gefährden Blumen, Kräuter oder Gemüsepflanzen nicht. Im Gegenteil: Sie sorgen dafür, dass sich Schädlinge nicht ausbreiten können. Der gesamte Prozess dauert über den Sommer drei Monate lang und über den Winter sechs. Während der ganzen Zeit ist es sehr wichtig, dass die Bodenorganismen genug Wasser und Sauerstoff zur Verfügung haben, um sich optimal zu entwickeln und ihre Arbeit vollständig zu verrichten. Dazu müssen Sie den Komposthaufen auch mal gießen. Zudem muss die Abdeckung eine ausreichende Luftzufuhr gewährleisten, denn alle Organismen, die in der Lage sind, Humus und stabile Humusverbindungen aufzubauen, sind auf Sauerstoff angewiesen. Dazu gehören auch diejenigen, die wir nicht so schätzen, die uns aber eine Menge an Arbeit beim Zerkleinern der organischen Substanz abnehmen.

Für viele Gartentiere ist ein Kompost ebenfalls Lebensraum – und Speisekammer. In meinem Kompost überwintert gern eine Kröte. Sie spielt eine wichtige Funktion bei der biologischen Schädlingsbekämpfung im Garten.

Ihn lieben und schätzen wir: den Regenwurm. Er ist aber nur einer von vielen. Die meisten der Bodenorganismen und ihre speziellen Aufgaben sind uns unbekannt.

Ein Heißkompost muss nicht umgesetzt werden. Wenn Sie sich genau an die Bauanleitung halten und die einzelnen Handgriffe wie beschrieben durchführen, ist für alles gesorgt. Mit etwas Erfahrung können Sie jedoch auch von der Anleitung abweichen. Wenn Sie bestimmte Ausgangsmaterialien oder Zusatzstoffe nicht zur Verfügung haben oder ihre Wirkung bezweifeln, können Sie trotzdem ein gutes Ergebnis erzielen.

Wollen Sie beispielsweise den Komposthaufen nicht mit einer Plastikplane abdecken, weil Sie den Algen eine große Bedeutung bei der Kompostierung beimessen, müssen Sie ihn öfter gießen, damit er trotzdem die nötige Feuchtigkeit behält. Mit Abdeckung brauchen Sie nur während lang anhaltender Trockenperioden zu gießen. Dann ist die Gefahr, dass Zwischenprodukte ausgespült werden, auch bei Starkregen nicht mehr gegeben.

Wie Sie den Kompost aufbauen, welche Materialien Sie einsetzen und ob Sie sich für das hier beschriebene Schnellverfahren oder die herkömmliche Kompostierung entscheiden, bleibt ganz Ihnen überlassen.

Vor diesen Krebsen ekeln sich viele, aber sie erfüllen wichtige Aufgaben bei der Kompostierung: die Asseln. Genau betrachtet sind sie sogar schön.

Ein biologischer Kompost enthält alles, was Pflanzen benötigen, damit sie gesund bleiben. Ob die Transformation von Bioresten zu frischer Gartenerde funktioniert, ist von vielen Dingen abhängig, insbesondere von der Aktivität der beteiligten Lebewesen, uns eingeschlossen. In einem biologischen Kreislauf sind die Abbauprodukte eines Lebewesens die Nahrung des anderen. Sie werden von ihm aufgenommen und zu einem neuen Produkt weiter verarbeitet.

In einem Kompost mit geschlossenen biologischen Kreisläufen entstehen kein Biomüll, Sickerwässer oder Treibhausgase. Alle Stoffe werden in den Körpern der Bodenorganismen und ihrem Stoffwechselprodukt, dem Humus, gespeichert – mit allem, was dazu gehört: dem Abbau und dem Aufbau von organischer Substanz, ihrem Stoffwechsel und der Fortpflanzung. Die dem Kompost attestierten „Massenverluste“ sind nichts anderes als Lebens- und Bewegungsenergie. So ein Bodentier verbleibt natürlich nicht im Komposthaufen, wenn es dort keine Nahrung mehr vorfindet.

Kröten überwintern gern im Kompost.

Das zuvor von den Pflanzen aufgenommene Kohlendioxid aus der Luft wird in den vielen verschiedenen lebendigen Strukturen gespeichert. Nur die Artenvielfalt und ihre Aktivität gewährleisten, dass die Kompostierung erfolgreich ablaufen und stabile Humusverbindungen entstehen können. Über diesen Weg kann der Kohlenstoff aus der Luft, der für den Klimawandel verantwortlich ist, wieder in den Boden zurück gelangen und dort verbleiben: als belebter, fruchtbarer Boden.

Alle Lebewesen sind voneinander abhängig. Das Endprodukt des einen ist das Ausgangsprodukt des anderen. Und nur über den Boden kann sich eine Nahrungskette schließen. Wir Menschen sind – mit unseren Körpern – genauso ein Teil des biologischen Kreislaufs wie alle anderen Lebewesen. Nur wenn wir das anerkennen und auch zu schätzen wissen, werden wir uns in Zukunft mit Produkten schmücken können, die wirklich kreislauffähig sind. Dafür müssen wir uns aber auch von der Vorstellung verabschieden, dass wir Menschen als Krönung der Schöpfung am Ende der Nahrungskette stehen.

Eine Kette ist nur schön, wenn sie geschlossen ist.

Es gilt, sich dafür zu entscheiden und einzusetzen, dass die gewünschten Transformationsprozesse nicht nur in unserem Garten, im Kleinen, sondern auch im Großen stattfinden können.

In einem geschlossenen biologischen Kreislauf gibt es keinen Müll. Wir sind ein Teil dieses Kreislaufes. Alle Stoffe, die wir herstellen, müssen weiterverarbeitet werden und neues Leben schaffen können. Nur mithilfe der Bodenlebewesen sind wir in der Lage, tote Materie wieder in lebendige Materie umzuwandeln. Und nur so können unsere Böden fruchtbar bleiben, damit auch in Zukunft etwas auf ihnen wachsen kann.

Dafür müssen auch wir uns verändern!

Die Kunst des Kompostierens

Richtiges Kompostieren lernen Sie nicht in der Schule und auch nicht auf der Universität. Ich habe an der Universität für Bodenkultur studiert und gearbeitet, und fast nichts über die Kompostierung gelernt.

Kompostieren als Aktionskunst zum Mitmachen.

Mit allen Sinnen erleben

In den technischen Fachrichtungen werden nur die industriellen Verfahren vermittelt. Alles, was ich über die biologische Kompostierung weiß, hab ich mir selbst erarbeitet, indem ich Wissen aus vielen verschiedenen wissenschaftlichen Disziplinen zusammengedacht und es selbst ausprobiert habe. Dabei haben mich viele Menschen mit ihren Erfahrungen und ihrem Wissen unterstützt. Sie haben es ebenfalls selbst ausprobiert oder einfach mitgemacht und mir ihre Erfahrungen erzählt.

Nur Boden selbst schaffen schafft neues Wissen

Richtiges Kompostieren lernen Sie nur, indem Sie es selbst tun. Wer ein paarmal nach dieser Methode kompostiert hat, wird sehr schnell begreifen, warum wir unsere biologischen Ressourcen nicht verbrennen dürfen und was guter Kompost ist. Sie lernen,

Drehaufnahmen im Gemeinschaftsgarten Allmende Kontor auf dem Tempelhofer Feld.

guten von schlechtem Kompost zu unterscheiden und verstehen den Unterschied zwischen Kompost und organischem Dünger. Gutes Kompostieren ist nicht nur Wissen, es ist auch eine Kunst. Zum Beispiel können Sie guten Boden nur über Ihre Sinne – also über das Fühlen, Riechen, Hören, Schmecken und Schauen – wirklich beurteilen. Das trifft selbstverständlich auch auf den Kompost zu. Guter Kompost ist dunkelbraun, feucht, riecht gut und es tummeln sich viele Tiere darin. Sie finden selbst heraus, welche Stoffe der Boden benötigt und wie Sie ihm diese – nur über die Verarbeitung der eigenen Abfälle – selbst zuführen können. Ziel ist, dass Ihre Pflanzen in Zukunft auch ohne Dünger und Pflanzenschutzmittel gut wachsen können. Dafür brauchen Sie kein langes Studium und nicht viel Zeit und Geld, nur ein Stück Boden und etwas Neugierde.

Kompostieren ist eine Kunst, die jeder erlernen kann. Kompostieren erfordert nicht viel Wissen, sondern Querdenken und Nachdenken. Es erfordert Anpacken und die Bereitschaft, sich auch mal die Hände schmutzig zu machen. Es erfordert Neugierde, Sensibilität und einen persönlichen Zugang zur Natur. Und wenn Sie mit anderen zusammenarbeiten, erfordert es auch die Bereitschaft, die eigenen Ansichten mal in Frage zu stellen.

Der Prozess der Kompostierung konnte drinnen und draußen miterlebt werden.

Wenn Sie einen Kompost selbst aufbauen, werden Sie sehen, dass er eine eigene Ästhetik hat. Sie werden beeindruckt sein von der Energie, die allein durch die lebendigen Prozesse der Lebewesen entsteht, die bereits in den Abfällen wohnen. Sie werden verstehen, warum Sie sie nicht verbrennen dürfen. Vielleicht entdecken Sie auch Tiere, die vorher noch niemand entdeckt hat. Und aus der Zusammenarbeit mit anderen werden Sie viel über die sozialen Zusammenhänge erfahren, die eine Kompostierung erst ermöglichen. Ein Kompost birgt also viele schöne Überraschungen, die über einen rein wissenschaftlichen Zugang verschlossen bleiben.

Wer sich nur der technischen Kompostierung theoretisch und in Laboratorien widmet, wird ungenaue Ergebnisse erhalten und falsche Schlüsse ziehen. Wer sich der biologischen Kompostierung überhaupt nicht widmet, wird keine Ergebnisse erzielen. Diesen Zustand haben wir derzeit in den Wissenschaften. Eine moderne Humusforschung gibt es nicht. Wenn überhaupt, dann werden Kompost und Humus mit veralteten Methoden untersucht oder mit technischen Methoden berechnet, die weitgehend ausblenden, dass Lebewesen überhaupt an den Prozessen beteiligt sind. Die meisten Natur- und Technikwissenschaftler forschen an toten Materien und Prozessen. Die Kompostierung ist aber ein lebendiger Prozess.

Seit wann ist Kompost Kunst?

Wir brauchen in den Natur- und Technikwissenschaften einen neuen Zugang zur Natur – einen, der von den lebendigen Prozessen ausgeht und neues Leben und Wissen schafft. Vielleicht kann die Kunst dazu beitragen, das zu verändern.

Die Goldmacherin – der Film

Kerstin Schnatz und Katharina Geist vom Kollektiv Strahlendes Klima haben in ihrer Reihe „Mensch Mach Was" einen Kurzfilm über meine Motivation und Arbeit im Gemeinschaftsgarten Allmende Kontor auf dem Tempelhofer Feld gedreht. Tenor: Es gibt

„Matter matters: Tausche Luftschlösser gegen Bodenhaftung" in der Ausstellung „We-traders" des Goethe-Instituts im Kunsthaus Bethanien in Berlin.

keine Produktion ohne Reproduktion. Das soll heißen, dass wir die Produkte des Bodens nicht wirtschaftlich nutzen können, ohne ihre natürlichen und gesellschaftlichen Voraussetzungen zu berücksichtigen und sie mit der Produktion immer wieder neu herzustellen.

Kunstworkshops und Ausstellungen

In der Ausstellung „We-traders" des Goethe-Instituts, bei dem es um alternative Formen des Handel(n)s ging, habe ich mit Gärtnern einen Komposthaufen aufgebaut, dessen Umwandlung in einer Ausstellung sechs Wochen lang besichtigt werden konnte. Nach drei Monaten konnten die Gärtner den Kompost in ihrem Garten ausbringen. Ein Naturwerk als Kunstwerk. Die Besucher konnten beobachten, wie und wie schnell sich Bioreste in frische Gartenerde verwandeln lassen und selbst erfahren, warum es wichtig ist, biologische Ressourcen zu erhalten und nicht zu verbrennen.

Oft sind auch die Namen unserer lebendigen Skulpturen Gemeinschaftsarbeit.

Temporäre Installationen in Gärten

Regelmäßig führe ich Workshops zur Heißkompostierung in Gärten durch. So können die Teilnehmer in ein paar Stunden lernen, worauf es beim Kompostieren ankommt und den ganzen Prozess von Anfang bis Ende mitverfolgen. Im Allmende Kontor Gemeinschaftsgarten auf dem Tempelhofer Feld finden jährlich vier Workshops statt. Damit verarbeiten die Teilnehmer bereits den Großteil ihrer Garten- und Küchenreste nach dem neuen Verfahren. Für die Zeit der Transformation verbleiben die Komposthaufen als lebendige Skulpturen im Garten. Meistens bekommen sie einen Titel, der bei der gemeinsamen Arbeit entstanden ist: „Ich werde zu Erde“, „Kompost ist aber auch nicht neu“, „Flotte Rotte“ oder „Schwarzes Gold postfossil“.

Performances im öffentlichen Raum

Meine Workshops führe ich auch als Performances im öffentlichen Raum durch. Dabei gehe ich der Frage nach, wie sich das Leben selbst in Performancekunst umsetzen lässt. Und ich möchte zeigen, dass es um gemeinsame Entscheidungen geht: Kompostieren oder nicht? Wem vertraue ich? Und kann ich mich auf etwas einlassen, ohne alles schon im Vorhinein zu wissen?

Um zu zeigen, dass sich auf jeder Grünfläche ein Komposthaufen aufbauen lässt, habe ich am Kunstfestival „48 Stunden Neukölln“ in Berlin teilgenommen. Mitten in der Stadt baute ich mit Kunstinteressierten einen Komposthaufen auf dem Karl-Marx-Platz auf.

Kompostieren mitten auf dem Karl-Marx-Platz in Berlin.

Genau dort, wo Joseph Beuys 43 Jahre zuvor mit seiner Aktion „Auskehren“ auf die Nichtbeachtung sozialer Reproduktionsarbeit hinwies, zeigte ich, dass das Gleiche auf die natürliche Reproduktionsarbeit zutrifft. Als Reproduktionsarbeit wird die Leistung bezeichnet, die notwendig ist, um Gesellschaft und Natur dauerhaft zu erhalten:

Kompostbilder mit Reflexion und Durchblick

Tiere und Prozesse im Boden zu beobachten, ist nicht so einfach. Bodentiere flüchten vor dem Licht und wir können nicht in den Boden hineinschauen. Um doch einen ersten Blick auf das Leben zu erhaschen, das uns bisher weitgehend verborgen blieb, haben Jugendliche im Jugendclub Maxim ein Schaufenster gebaut. In den unsere Kultur bisher prägenden Bildern vom Boden sind hauptsächlich wir selbst zu erkennen.

Kompostieren – das Unbewertete feiern!

Im Austausch untereinander mit der Natur passieren immer neue Dinge.

Kompost gehört uns allen!

Richtiges Kompostieren ist kein Geheimnis, das mit wissenschaftlichen Methoden erforscht und von Unternehmen patentiert werden kann. Es ist Gemeinschaftswissen und gehört uns allen. Und es kann frei angewendet werden. Das macht es für die Industrie denkbar uninteressant.

Unternehmen und Wissenschaftler sind schon fleißig dabei, neue, eigene Verfahren für industrielle Bodensubstrate und Dünger zu entwickeln und das Bodenthema für sich zu entdecken. Unser Kompost ist wenig attraktiv für die Firmen, die lieber als erste und einzige ein neues und besseres Produkt auf den Markt bringen wollen. Da sie das derzeit nicht können, müssen sie das bewährte und beste Verfahren schlechtmachen. Obwohl jeder Gärtner weiß, dass selbstgemachter Kompost das Beste für den Boden ist, gibt es bereits Behörden, die den Leuten das Selbstkompostieren untersagen wollen.

An manchen Orten brauchen Sie schon fast zivilen Ungehorsam, um zu kompostieren. Was Sie an Wissen dafür benötigen, habe ich für Sie in dieser Anleitung zusammengefasst. Was Sie darüber hinaus erleben und entdecken können, kommt ganz auf Sie selbst an.

Wer einmal wirklich guten Kompost hergestellt hat, der kann ihn sofort von industriellen Produkten unterscheiden, die sich fälschlicherweise Kompost nennen: getrocknete Gärreste aus der Biogasanlage oder vergorene Küchenabfälle mit und ohne Zusatz von Kohle zum Beispiel. Sie sind und erzeugen Biomüll. Auch ein Wurmkompost enthält nicht die Artenvielfalt, die ein guter Kompost zur Bildung von Dauerhumus und Ton-Humus-Komplexen nötig hat.

Mit dieser Bauanleitung können Sie an nur einem Tag wirklich guten Kompost herstellen und wenn Sie ihn mit industriellen Produkten vergleichen, sich eine eigene Meinung zu seiner Qualität bilden. Kompostieren ist ein lebendiger Prozess. Es ist wichtig, dass Sie Ihr Wissen im Kontakt mit der Natur umsetzen und Ihre Sinne dabei einsetzen. Im Garten ist es gar nicht schwierig, von Konsum auf Kompost umzustellen. Gemeinsam ist das besonders erkenntnisreich und macht besonders viel Spaß. Das gemeinsame Herstellen von Kompost ist ein großes Erlebnis für Kinder und Erwachsene.

Kompostieren ist kein Geheimnis, Kompostieren ist eine Kunst!

Service

Schnell nachgeschlagen

Dank

Ich danke allen, die mich an ihrer Arbeit teilhaben ließen und mich zu einem tieferen Verständnis der komplexen Zusammenhänge zwischen Natur, Gesellschaft und Wirtschaft geführt haben.

Meiner Freundin Susanne Kagerbauer, der Fotografin Katharina Geist und der Illustratorin Susanne Dinkel verdanke ich, dass dieses Buch so veröffentlicht werden konnte, wie ich es mir gewünscht habe.

Dass dieses Buch überhaupt entstanden ist, verdanke ich den vielen Gärtnern und Künstlern, die mir ihr Vertrauen geschenkt haben und mich immer wieder nach einer Anleitung für dieses Verfahren gefragt haben. Durch ihre tatkräftige Unterstützung bei der Anwendung haben sie mir zu vielen neuen Einsichten verholfen.

Ich danke auch den Pionierinnen der biologischen Kompostierung, deren Werke in den wissenschaftlichen Archiven für Jahrzehnte verschwanden und von denen einige erst kürzlich durch private Initiativen wieder veröffentlicht werde konnten. Und ich danke allen Pionieren heute, die selbst kompostieren.

Und natürlich danke ich meiner Familie, die zwar nicht immer verstanden hat, warum ich mich so für diese „brotlose" Kunst einsetze, mich aber trotzdem dabei unterstützt hat. Ihr widme ich dieses Buch.

Impressum

Die in diesem Buch enthaltenen Empfehlungen und Angaben sind von der Autorin mit größter Sorgfalt zusammengestellt und geprüft worden. Eine Garantie für die Richtigkeit der Angaben kann aber nicht gegeben werden. Autorin und Verlag übernehmen keine Haftung für Schäden und Unfälle. Bitte setzen Sie bei der Anwendung der in diesem Buch enthaltenen Empfehlungen Ihr persönliches Urteilsvermögen ein. Der Verlag Eugen Ulmer ist nicht verantwortlich für die Inhalte der im Buch genannten Websites.

Bibliografische Information der Deutschen Nationalbibliothek
Die Deutsche Nationalbibliothek verzeichnet diese Publikation in der Deutschen Nationalbibliografie; detaillierte bibliografische Daten sind im Internet über http://dnb.d-nb.de abrufbar.

Wollgrasweg 41, 70599 Stuttgart (Hohenheim)
E-Mail: info@ulmer.de
Internet: www.ulmer-verlag.de
Lektorat: Alessandra Kreibaum, Bettina Brinkmann
Herstellung: Isabell Scherrieble
Umschlag-Konzeption: Ruska, Martín, Associates GmbH, Berlin
Umschlag-Gestaltung: red.sign, Stuttgart: Anette Vogt
Satz: red.sign, Stuttgart: Susanne Junker
Druck und Bindung: Westermann Druck, Zwickau
Printed in Germany

ISBN 978-3-8186-0078-5

BILDQUELLEN:

Titelfoto: mauritius images
Alle Fotos stammen von der Autorin, außer:
Geist, Kristina: S. 4, 9 r., 14, 18, 19 l., 22, 24, 28, 30, 32, 34, 36, 37, 40, 41, 42, 43, 45, 52, 55, 57, 62, 63, 64, 67, 72, 74, 75, 110, 124 u., 127, 134, Umschlag: vordere Klappe (außen), hintere Klappe (außen, o.), U3.
Kostka, Winfried: S. 122, 123 l.
mauritius images: S. 2, 6, 20, 26, 104, 116, 123 r., 138.
Anna Hoychuk/Shutterstock.com: S. 12.
OVKNHR/Shutterstock.com: S. 70.
xpixel/Shutterstock.com: S. 5 r.
koosen/Shutterstock.com: S. 3.
Alle Zeichnungen stammen von Susanne Dinkel, Reutlingen.

Für Biogärtner und Selbstversorger

In diesem Buch finden Sie alles, was Sie für Ihre Biogarten-Vision brauchen: Lernen Sie die Bedürfnisse der Pflanzen kennen, wählen Sie die besten für Ihren Standort und Ihr Zeitbudget aus. Und schaffen Sie Lebensräume für Tiere, die Schädlinge für Sie im Zaum halten.

Das große Ulmer Biogarten-Buch.

Brunhilde Bross-Burkhardt. 2017. 288 Seiten,
258 Farbfotos, 62 farbige Zeichnungen, geb.
ISBN 978-3-8001-0868-8.

Ulrike Windsperger zeigt in ihrem Buch, wie man nach dem Prinzip der Permakultur Gärten anlegt, die möglichst wenig Zeit erfordern und dabei noch zum essbaren Paradies werden.

Handbuch Permakultur.

Klug planen und nachhaltig gärtnern.
Ulrike Windsperger. 2016. 192 Seiten, 138 Farbfotos
und Zeichnungen, geb. ISBN 978-3-8001-0302-7.